フィールドガイド

高島の植物

高島市

発刊にあたって

●

　高島市には、大きな夢と希望があります。

　それは、先人からあずかった山や川、里山、琵琶湖など豊かな自然環境や地域資源を活用し、循環させ、地域の人々が努力し、協力し作っていく地域社会「環の郷」を実現していこうとする未来図です。

　すでに市民のみなさんの中では、これまで当然のものとして存在し慣れ親しんだ自然環境を見直し、生活の中で対話しながら共存の道を探ろうという取り組みが始まっています。♬ウサギ追いしかの山、コブナ釣りしかの川♬と口ずさんだ身近なふるさとの自然を、孫子の世代につないでいこうとする決意です。

　また本市を訪ねる方からは、万葉集にも詠まれたこの地の風物や植物について、「いつどこに出かけたら出会えるのかもっと詳しく知りたい」との声も大きくなってきています。

　こうした市民の方の取り組みや、来訪者の方への一助となるよう、また次代を担う青少年のみなさんに、高島市の宝物の1つである自然の草花を知り、ふるさとの自然の素晴らしさを感じてもらい、自然が先生の野外教室に出かけるきっかけづくりとなるために、多少高価ですが、このたび、植物図鑑『高島の植物』を発刊いたしました。

　この本を通じて、自然を慈しむ心が大きく育ち、よき道案内となることを念願いたします。

　自然を愛することは、地域を愛することであると思います。

　自然を守り育てることは、地域や人を育てることでもあると思います。

　ふるさとの野山に出てみませんか。きっと小さないのちと、あなたのいのちが響きあい、大いなる、そして、あなたはいつも励まされ、愛されていることも感じ取るにちがいありません。

　高島市には、大きな夢と希望があります。高島市には、愛すべきいっぱいの自然があるのですから。

　　平成19年3月

　　　　　　　　　　　　　　　　　　　　　　　　高島市長　海　東　英　和

●もくじ（上巻）

- ■発刊にあたって …………………… 2
- ■花と葉のつくり／植物用語解説 … 4
- ■双子葉植物類 離弁花 ………… 7
  - クルミ科 …………………………… 8
  - ヤナギ科 …………………………… 10
  - カバノキ科 ………………………… 12
  - ブナ科 ……………………………… 20
  - ニレ科 ……………………………… 31
  - クワ科 ……………………………… 32
  - イラクサ科 ………………………… 35
  - ビャクダン科 ……………………… 44
  - ヤドリギ科 ………………………… 46
  - タデ科 ……………………………… 47
  - ヤマゴボウ科 ……………………… 62
  - ザクロソウ科 ……………………… 63
  - スベリヒユ科 ……………………… 64
  - ナデシコ科 ………………………… 65
  - アカザ科 …………………………… 77
  - ヒユ科 ……………………………… 78
  - モクレン科 ………………………… 81
  - シキミ科 …………………………… 85
  - クスノキ科 ………………………… 86
  - ヤマグルマ科 ……………………… 92
  - フサザクラ科 ……………………… 93
  - カツラ科 …………………………… 94
  - キンポウゲ科 ……………………… 96
  - メギ科 ……………………………… 114
  - アケビ科 …………………………… 118
  - ツヅラフジ科 ……………………… 120
  - スイレン科 ………………………… 122
  - ドクダミ科 ………………………… 124
  - センリョウ科 ……………………… 125
  - ウマノスズクサ科 ………………… 127
  - ボタン科 …………………………… 129
  - マタタビ科 ………………………… 130
  - ツバキ科 …………………………… 132
  - オトギリソウ科 …………………… 138
  - モウセンゴケ科 …………………… 142
  - ケシ科 ……………………………… 143
  - アブラナ科 ………………………… 148
  - マンサク科 ………………………… 156
  - ベンケイソウ科 …………………… 157
  - ユキノシタ科 ……………………… 158
  - バラ科 ……………………………… 182
  - マメ科 ……………………………… 211
  - カタバミ科 ………………………… 238
  - フウロソウ科 ……………………… 240
  - トウダイグサ科 …………………… 244
  - ユズリハ科 ………………………… 251
  - ミカン科 …………………………… 253
  - ヒメハギ科 ………………………… 257
  - ウルシ科 …………………………… 259
  - カエデ科 …………………………… 263
  - トチノキ科 ………………………… 274
  - アワブキ科 ………………………… 276
  - ツリフネソウ科 …………………… 277
  - モチノキ科 ………………………… 279
  - ニシキギ科 ………………………… 284
  - ミツバウツギ科 …………………… 288
  - クロウメモドキ科 ………………… 290
  - ブドウ科 …………………………… 291
  - シナノキ科 ………………………… 295
  - ジンチョウゲ科 …………………… 297
  - グミ科 ……………………………… 298
  - スミレ科 …………………………… 299
  - キブシ科 …………………………… 310
  - ウリ科 ……………………………… 311
  - ミソハギ科 ………………………… 314
  - ヒシ科 ……………………………… 316
  - アカバナ科 ………………………… 317
  - アリノトウグサ科 ………………… 323
  - ウリノキ科 ………………………… 324
  - ミズキ科 …………………………… 325
  - ウコギ科 …………………………… 330
  - セリ科 ……………………………… 337
- ■索引 ………………………………… 349
- ■コラム
  - ブナ林の植物 ……………………… 23
  - 豊かな自然に育まれた高島の大樹 … 30
  - 高島市のくらしとホオノキ ……… 82
  - 増えてきた外来植物 ……………… 95
  - 旧秀隣寺(興聖寺)庭園とヤブツバキ … 133
  - 高島市の自然 Ⅰ …………………… 243
  - トチノキの利用 …………………… 275
  - 高島市の自然 Ⅱ …………………… 329
  - 高島市の自然 Ⅲ …………………… 348

●花と葉のつくり

花の構造

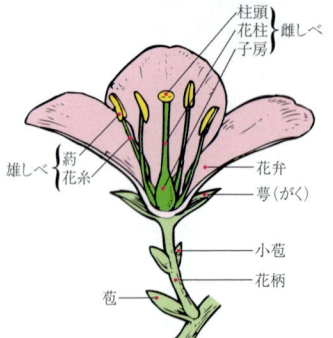

花序の形

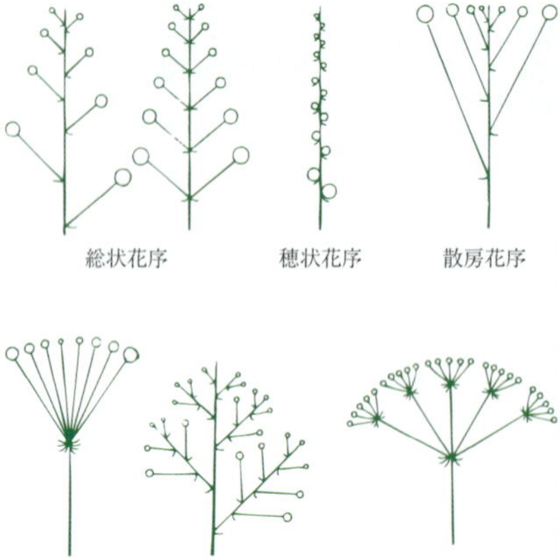

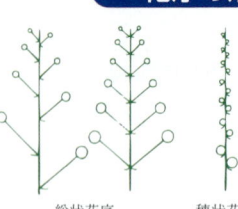

総状花序　　穂状花序　　散房花序

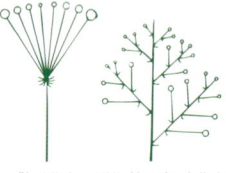

散形花序　　円錐(えんすい)花序　　複合散形花序

花冠の形

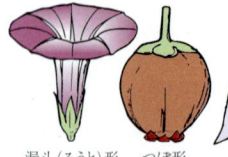    

漏斗(ろうと)形　つぼ形　鐘形　筒状　舌状　唇形　十字形　蝶形

果実

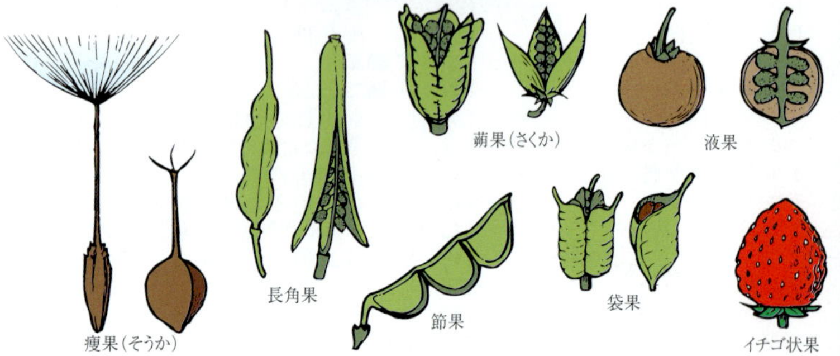

瘦果(そうか)　長角果　節果　蒴果(さくか)　袋果　液果　イチゴ状果

複葉の形

葉のつき方

葉の裂け方

葉縁の形

毛ととげの形

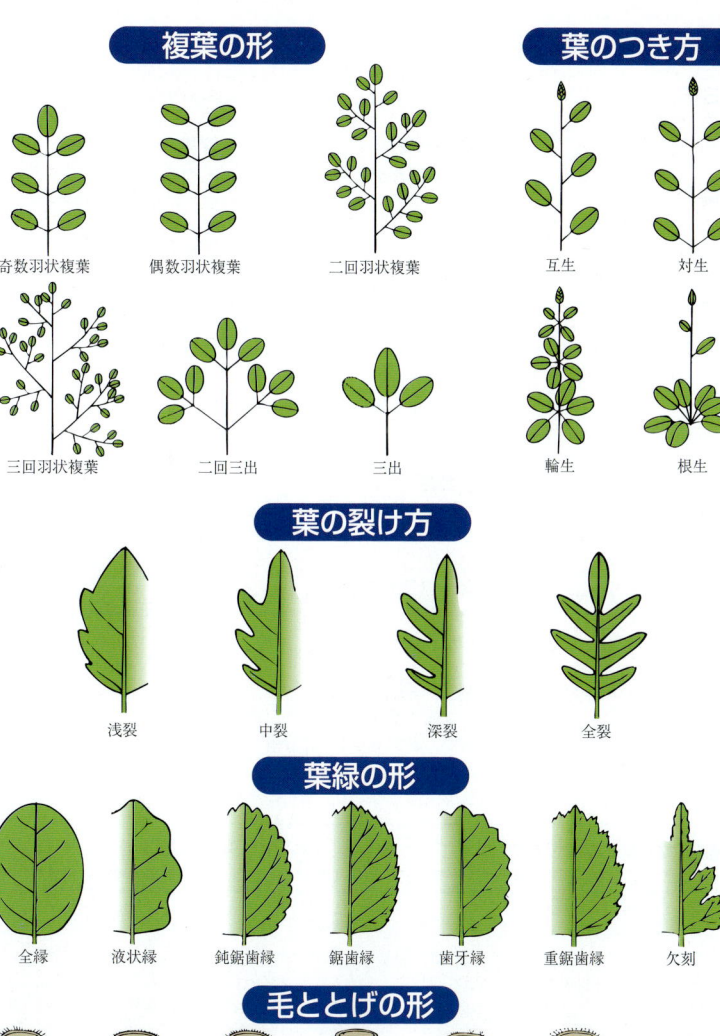

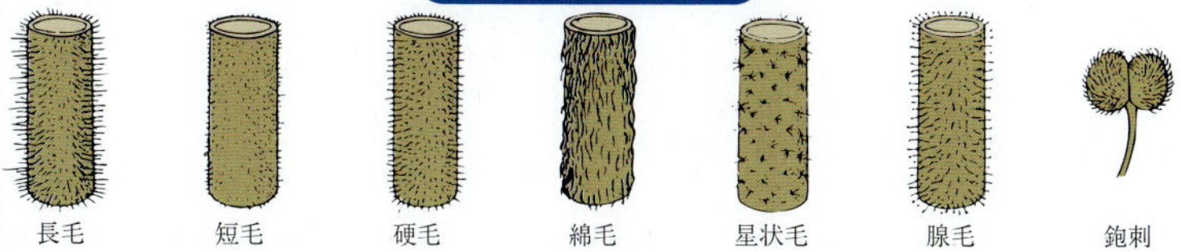

●植物用語解説

一日花
開花したその日のうちにしぼんでしまう花のこと。

液果
果実の1つで水分が多く肉質でやわらかいもの。

革質
やや厚く、なめし皮のようにしなやかで弾力のある状態のこと。

花序
花が茎についている花の集合状態のこと。

果胞
カヤツリグサ科の雌花穂の雌しべは袋状のものに包まれている。このような袋を果胞（果のう）という。

蒴果
果実の1つで熟すと裂けるもの。

雌雄異株
雄花と雌花があり、それぞれ別の株につくこと。雌雄別株ともいう。

雌雄同株
雄花と雌花があり、ともに同じ株につくこと。

小穂
イネ科の花序のように、小花が穂状についているもの。

走出枝
匍匐枝ともいい、地上茎の基部から出て地上を横走する細い茎のこと。

装飾花
中性花で、大型で美しく昆虫などの目印になる花のこと。

総苞（総苞片）
花序の下にあり、多くの花の共通の苞のこと。

腐生（腐生植物）
光合成で養分をつくれない植物が、腐葉土のように分解された有機物から養分を取り入れて生活すること。またはそのような植物のこと。

浮葉
水面に浮かんでいる葉のこと。浮水葉ともいう。

閉鎖花
つぼみのまま開かずに自家受精して結実する花のこと。

胞子嚢
シダ植物で、胞子をつくり、胞子をいれておく嚢。

胞子嚢群
胞子嚢がたくさん集まったもの。

むかご
肉芽のこと。むかごで繁殖できる。

レッドデータリスト
絶滅または絶滅が危惧される植物のリスト。

ロゼット
根生葉が重なりあって、地上に平たく放射状に広がったもの。

■この本のまとめ方

◆木本、草本の区別をせずに、原則として、植物目録（環境庁、1987）に従いながら科の配列をした。しかし、上下巻の割り振りの関係から、シダ植物、裸子植物を単子葉植物のあとに配列した。

◆和名、学名は『日本の野生植物』（平凡社）を参考にした。

◆分布で「北海道〜九州」は、「北海道、本州、四国、九州」の意味である。

◆解説は、参考文献として掲載したもののほか、多数の著書を参考としながらまとめた。解説文がやや難しいところもあり、最初に、簡単な用語解説をおこなった。

◆花期については幅を持たせて示した。

◆コラム欄を設け、高島の植物に関するトピックス的な話題をつけ加えた。

◆つるの巻き方は『日本の野生植物』（平凡社）に従った。

◆分布の状況は「普通」「やや普通」「やや稀」「稀」の4段階で表現した。

双子葉植物 離弁花

クルミ科

オニグルミ／Juglans mandshurica var. sachalinensis

落葉高木／約25m／花期：4～5月

分　布：北海道～九州
生育地：山地の川沿い、湖岸

　高島市内では、平地から山地の渓谷沿いや湖岸にやや普通に生育する。かたい堅果の中に含まれる大きな種子は多量の脂肪を含んでいて栄養価が高く、ネズミやリスなどが好んで食べる。これらの動物は冬越しのために果実を落ち葉の下などに隠す性質があり、忘れられた果実が次の年に発芽して仲間をふやす。いわゆる動物散布の一方法であり、オニグルミもこの戦略をとっている。和名の「オニ」は堅果の表面がごつごつして醜い事を鬼に例えたものといわれる。また、「クルミ」は食用になる果実（種子）が堅い核にはりついているのでくりぬき、えぐり取る事から「刳る実」となったという説がある。葉は互生し、奇数羽状複葉で、縁に細鋸歯のある小葉を11～19枚つける。果実は長さ3～4cmほどの卵円形で、秋に熟し、褐色の毛が密生する。中に堅く厚い核に包まれた種子がある。白色の種子は脂肪分に富み、食用となる。材は淡褐色で狂いが少なく、割れ目ができないので、家具材や彫刻材として使われる。

サワグルミ／Pterocarya rhoifolia

落葉高木／約25m／花期：5月

分　布：北海道〜九州
生育地：山地の沢沿い、砂礫地

　高島市内では、山地の渓流沿いや河川上流の氾濫原などにやや稀に生育する。上部にブナ林を望む山地の沢づたいの道を歩くと、枝の先に長い果序を何本も垂れ下げるサワグルミに出会う。サワグルミは、長い果序につく小さな実に2個の広い翼があって同じ科のクルミの動物散布とは異なり、風散布を行っている。和名は沢に生えるクルミの意である。葉は互生し、奇数羽状複葉で、縁に細鋸歯のある小葉を11〜21枚つける。花が終わったあと、雌花序は長く伸び、果実が熟す頃には30cm程に達する。1つの花序に20〜30個の果実をつける。材は白く、薄くはいで食品を包んだり、下駄などの材料にする。また、灰白色の樹皮は蓑や染料に利用される。

ヤナギ科

ヤマナラシ /Populus sieboldii

落葉高木〜高木／5〜10m／花期：4月

分　布：北海道〜九州
生育地：山地の丘陵地、原野

　高島市内では、山地の林内に普通に生育する。大きくなると高さ25m、胸高直径80cmほどにもなるが、高島市にはあまり大きな木は見られない。日当たりの良い、乾いた山地に見られ、林道沿いなどでもよく見かける。ポプラの仲間で、葉は互生し、長さ5〜10cm、広卵型または扇円形で、先端は短く尖る。葉には波状の鋸歯があり、葉柄は両側から押しつぶしたように扁平である。樹皮は初め滑らかだが、後に縦にさけ、菱形状の裂け目があらわれる。和名は「山鳴らし」で、葉が少しの風でもよくそよぎ、擦れ合うと音がでる事から名づけられた。材は柔らかく彫刻材やマッチの軸などにも利用される。また、扇の箱の材料にも用いられた事から、ハコヤナギの別名もある。

ヤナギ科

マルバヤナギ（アカメヤナギ） /Salix chaenomeloides
落葉高木／10～20m／花期：4月下旬～5月上旬

分布：本州（宮城県、山形県の中部以南）、
　　　四国、九州
生育地：水湿地

　高島市内では、湖岸に普通に生育する。大きくなるヤナギで、大木になると高さ20m、幹の直径80cmほどにもなる。原始的な冬芽をつけ、めしべは4本以上あり、葉柄の下につく托葉は大きくよく目立つ。葉が楕円形をしていて丸みのあることからの命名で、飯沼慾斎の「草木図説」にも掲載されている。別名のアカメヤナギは春～初夏にかけて、若葉が赤く色づくことからつけられたが、フリソデヤナギのことも、アカメヤナギと呼ばれる。こちらは、冬芽が赤色をしていることによる。日本の伝統工芸である但馬のヤナギ細工は、名前の通り行李を作るヤナギ、コリヤナギをつかったものである。

　高島市内では、新旭町～安曇川にかけて、広くヤナギ林が成立し、マルバヤナギなど、多くのヤナギ類が生育する。

カバノキ科

ヤシャブシ /Alnus firma
落葉高木／約10m／花期：3〜4月、黄褐色の花

分　布：本州、四国、九州
生育地：山地の河原、崩壊地、火山砂地

　高島市内では、平地から山地の林道沿いや崩壊地などに普通に生育する。根に窒素固定細菌が共生するため、貧栄養の土地にもよく生育し、河原や崩壊地など他の植物が入りにくい場所に先駆的な群落を作る。このような性質を利用して、傾斜地の緑化にも用いられる。和名の「附子」は実がヌルデの虫こぶの五倍子（附子）と同様にタンニンを多く含むた

めで、ヤシャは「夜叉」の意で、実の表面がごつごつして醜い事を恐ろしい鬼である夜叉にたとえたものといわれるが、他説もある。葉は互生し、狭い卵形で縁に重鋸歯がある。花は黄褐色で、尾状の雄花序と紅色で直立してつく雌花序からなる。果実は卵状広楕円形をしており、長さ約2cm。秋に熟す。同じ仲間に、高さ、葉、実が大型のオオバヤシャブシがあるが、これもヤシャブシ同様、窒素固定菌と共生し、貧栄養の土地によく生育する。

カバノキ科

ケヤマハンノキ／Alnus hirsuta

落葉高木／15〜20m／花期：4月

分　布：北海道〜九州
生育地：丘陵地から山地

　高島市内では、山地にやや普通に生育する。ハンノキの仲間は、一般に栄養分の少ない土地や湿地など厳しい環境に先駆的に生育するものが多い。ハンノキは平地の湿地に生育し、ケヤマハンノキは、山地の崩壊地や川岸に見られる。市内では一般的に、林道などの裸地化した所に生育する。根粒をつくることから、植栽されることもある。葉は、広卵形で裏にはビロード毛が多いが、個体差も大きく、毛の少ないものもある。ヤマハンノキは毛がなく、毛の多いことからの命名である。秋には、松ぼっくりを小さくしたような球果を3〜5個つけ、子ども達の工作材料やリース飾りなどにもよく使われる。同じカバノキ科のオオバヤシャブシ、ハンノキなどもよく似た球果をつける。

13

カバノキ科

ハンノキ／Alnus japonica

落葉高木／15〜20m／花期：1〜3月、黒紫褐色の雄花と紅紫色の雌花

分　布：北海道〜九州
生育地：湿地、水辺

　高島市内では、平地の湿地や山地の氾濫原などに普通に生育する。ハンノキは湿った低地や水辺に生える落葉高木で、日本全土に普通にみられ湿地林を構成する。昔は水田の畦に稲架木（稲かけの木）としてよく植えられたが、今では機械化によってほとんど見られなくなった。葉は互生し、卵状長楕円形で縁に浅い不規則な鋸歯がある。雌雄同株。花は葉に先立って咲き、雄花序は黒紫褐色で前年枝に散房状に数個つき、はじめ直立のち尾状に下垂する。雌花序は雄花序の下の葉腋に数個単生し、楕円形で紅紫色。果実は球果状で翌年の春まで残る。

カバノキ科

オオバヤシャブシ /Alunus sieboldiana
落葉低木または落葉高木／5〜10m／花期：3〜4月

分　布：本州（福島県南部〜和歌山県の太平洋側）
生育地：海岸近くの丘陵地から山地、崩壊地

　高島市内では、低地から山地に普通に生育する。球果を作る植物で、ヤシャブシ、オオバヤシャブシ、ヒメヤシャブシ、ハンノキ、ケヤマハンノキなど、よく似た植物が多い。果実や樹皮にはタンニンが多く含まれることから、染料植物として使われる。伊豆の黒八丈は、もともと伊豆半島や伊豆諸島に分布するオオバヤシャブシで染めたものをさしていた。夜叉はインドの鬼神で、ヤシャブシの実のでこぼこがおそろしい夜叉に似ていることからの命名。根には菌根があり、根粒をつくり、空中窒素を固定することから、以前は、砂防樹、緑化樹として崩壊地や法面に播種された。市内の林道沿いや山地などに多く生育するものも、ほとんど植栽や播種されたものか、または、それらから分布を拡げたものと考えられる。

15

カバノキ科

ミズメ /Betula grossa

落葉高木／約20m／花期：4〜5月、黄褐色の花

分　布：本州（岩手以南）、四国、九州
生育地：山地

　高島市内では、山地の林道沿いや落葉広葉樹林内にやや稀に生育する。時に胸高直径数十cmに達するものもある。ブナ林などに混生する落葉高木で、生長は早く、材が強靭である事から建築、器具、漆器木地などによく用いられる。和名のミズメは樹皮を傷つけると水のような樹液を出す事からつけられたというが、その樹液はサロメチールのような強いにおいがするので、「夜糞峰榛」とも呼ばれる。また、古くは梓弓に用いられた事からアズサの別名もある。葉は長枝では互生、短枝では2葉ずつつき卵形から広卵形で鋭い鋸歯があり、多数の側脈が裏面に突出する。雌雄同株。花は開葉と同時に開花する。雄花序は黄褐色の尾状で、長枝の先端から垂れ下がり、雌花序は短枝の先端に1個つき直立する。果穂は広楕円形で上向きにつく。

カバノキ科

クマシデ／Carpinus japonica
落葉高木／10〜15m／花期：4〜5月、黄褐色の雄花と緑色の雌花

分　布：本州、四国、九州
生育地：山地の谷沿い

　高島市内では、山地に普通に生育する。「シデ」の名はその果穂がお祓いに使う「四手」に似ている事からきており、中でもクマシデは果穂が大きく立派なところから名づけられたという。材が堅い事から家具や器具、薪炭材（しんたん）などに用いられる。葉は互生し、狭卵形から卵状長楕円形で重鋸歯があり、多数の側脈が裏面に突出する。雌雄同株。花は葉と同時に開花し、雄花序は黄褐色で前年枝につき、雌花序は緑色で今年枝につく。いずれも尾状に下垂する。果穂は長楕円形で、縁に鋸歯のある葉状の果苞を密につける。

カバノキ科

アカシデ /Carpinus laxiflora

落葉高木／10〜15m／花期：4〜5月、帯紅色の花

分　布：北海道〜九州
生育地：河岸、平地、山地、乾燥した山地の斜面

　高島市内では、山地に普通に生育する。時に群生し、アカシデ林となることもある。若葉が赤くなるシデ類である事から「赤シデ」と名付けられた。盆栽ではこの赤芽を賞し、「アカソロ」と呼ばれる。材は堅く、器具、家具、薪炭材などに用いられる。葉は互生し、卵形から卵状楕円形で細かい重鋸歯がある。雌雄同株。花は葉と同時に開花し、雄花序は帯紅色で前年枝の葉腋に尾状に垂れ、雌花序は今年枝に上向きにつく。果穂は円柱形で下垂し、帯黄褐色。果苞は3裂し、粗い鋸歯がある。高島市ではジュロシデ、ニョロシデという。

カバノキ科

ツノバシバミ／Corylus sieboldiana
落葉小高木／4〜5m／花期：3〜4月、黄褐色の花

分　布：北海道〜九州
生育地：山地の林縁

　高島市内では、山地の林縁部に生育するがやや稀。ハシバミの仲間は、セイヨウハシバミ(ヘーゼルナッツ)をはじめとして果実が食用になるものが多いが、ツノハシバミの堅果も脂肪分に富み食用となる。動物の食糧にもなる。果実にはさわると痛い刺状の毛が密生している。角状に尖った総苞が枝の先に数個つく事から、ツノハシバミと名づけられた。葉は互生し、卵形又は広倒卵形で不揃いの重鋸歯がある。ハシバミと似ているが葉が長細い事から、ナガハシバミの別名もある。雌雄同株。花は開葉前に咲き、雄花序は黄褐色で前年枝より尾状に下垂し、雌花序は枝先に頭状につき柱頭が赤色。

ブナ科

クリ / Castanea crenata
落葉高木／15～20m／花期：6～7月、淡緑色の花

分　布：北海道（石狩、日高以南）～九州
生育地：山地

　高島市内では、平地から山地の落葉広葉樹林に普通に生育する。樹皮は淡褐黒色で、樹齢を経るとともに縦に深い裂け目ができる。樹高は15～20mになる。葉は薄い革質で互生し、長楕円状披針形。花序は新枝の葉腋から出て、直立または斜上し、長さ13～23cmで、大部分は雄花からなり、下方に1～2個の雌花がつく。花の時期は独特の匂いがして、たくさんのハエや甲虫類が蜜を求めて集まってくる。果樹としてよく栽培されるが、クリタマバチの被害を受け全国的に大打撃を受けた。最近は、クリタマバチに対する耐性がある、銀寄などの品種が栽培されている。茨城県、愛媛県、熊本県が主な産地であるが、堅果の大きいものとしては丹波グリが有名である。

コジイ（ツブラジイ） /Castanopsis cuspidata

ブナ科

常緑高木／約20m／花期：5月下旬〜6月

分　布：本州（関東以南）、四国、九州
生育地：山地

　高島市内では、社寺林や山地にやや普通に生育する。昔から、子ども達のおやつとして親しまれてきたシイの実は、長さ1.5〜2㎝程にもなるが、コジイはわずか7〜8㎜の小さな実をつける。コジイ、ツブラジイの名は、この小さく丸い実をつけることから名づけられた。海岸部にシイ、内陸部にコジイが多い。内陸部にあたる高島市は変異が大きく、果実も中間的な形態を持つものが多い。シイなど常緑広葉樹の森は、人の手が加えられた里山には少なく、市内では、社寺林以外での分布は少ないが、高島町白鬚神社周辺の山地にややまとまって生育するところがある。暖地性の樹木で、朽木では、ごく稀で、マキノ、今津の山地部にも少ない。特異的に、天増川集落の防雪林にはシイが生育する。植栽樹、防火樹としての役割が大きく、市内の公園などにも多数植栽される。

ブナ科

ブナ /Fagus crenata

落葉高木／約30m／花期：5月

分　布：北海道（渡島半島以南）～九州
生育地：山地

　高島市内では、福井県、京都府との県境尾根や標高600m程度より上部に生育する。日本の温帯を代表的な広葉樹で、通常純林を作る。葉は倒卵状楕円形で、縁には鈍い波状の鋸歯があり、先端は短い尾状に狭まり鈍く尖る。側脈は7～11対で、よく似たイヌブナが10～14対であるのに比べて少ない。ブナの事をシロブナと呼ぶが、樹皮は灰色で平滑である事による。クロブナは、樹皮が黒っぽいイヌブナをさす。果実には稜がありソバに似ていることから、ブナのことをソバグリやソバグルミと呼ぶ事もある。朽木生杉には自然公園の特別地域に指定される、生杉ブナ林がある。標高600～700m付近にあり、冬の季節風が多量の雪をもたらす、日本海型のブナ林である。

ブナ林の植物

　滋賀県では、おおむね標高600m以上にブナを主体とした落葉広葉樹の森が広がる。また、日本海気候区と太平洋気候区の両方の特徴を合わせ持ち、北部に日本海型のブナ林が、南部には太平洋型のブナ林が見られる。ところが、太平洋型のブナ林は、鈴鹿山地の南部に残るだけで、ほとんどは、北部に広がる日本海型のブナ林である。

　高島市では、旧マキノ町から旧朽木村にかけての県境付近に、帯状につらなるブナ林が見られる。中でも、旧今津町から福井県を結ぶ近江坂には、稜線沿いにブナ林が残り、歴史のある古道とともに、ゆったりとしたブナ林の散策ができる。朽木生杉ブナ原生林は、滋賀県の自然公園の特別地域として、保全されている。

　ブナ林は、高木層にブナやミズナラ、コハウチワカエデ、アシウスが生育し、低木層には、エゾユズリハ、ツルシキミ、ハイイヌガヤ、チャボガヤなど多雪地特有の植物が見られる。また、林床にはシノブカグマ、ミヤマカンスゲなど冷温帯性の植物が生育する。

ミズナラ　　　　コハウチワカエデ　　　エゾユズリハ

チャボガヤ　　　シノブカグマ　　　　ミヤマカンスゲ

ブナ科

イヌブナ / Fagus japonica

落葉高木／約25m／花期：4〜5月

分　布：本州（岩手県以南）、四国、九州
　　　　（熊本県以北）
生育地：山地

　高島市内では、低地から山地に生育し、やや稀。名前は、ブナに比べ、材質が劣ることからの命名。ブナと同じように、春先、他の樹木に先がけて芽吹き、山腹を緑に染める。ブナに比べ、やや標高の低い所に生育し、市内の里山にも見られる。ブナの側脈が7〜11対であるのに対し、10〜14対と多く、込み合った感じがする。また、樹皮がブナでは白くてシロブナと呼ばれるのに対し、黒く見えることから、クロブナと呼ばれる。秋、小さい果実に2〜5cmにもなる長い柄をつけ、先に二つの堅果（実）をつける。ソバに似た実は、ブナと同じだが、縁に翼がないことから、区別できる。蛇谷ケ峰にはブナがなく、ややまとまったイヌブナ林が見られるが、ブナのように大規模な純林をつくることはない。

ブナ科

アラカシ／Quercus glauca

常緑高木／約18m／花期：4～5月

分　布：本州（宮城県・石川県以西）、四国、九州
生育地：山地

　高島市内では、南部に生育するが、やや稀。カシとは、堅い木の事で、樫の字を当てる。堅くて丈夫なことから、昔から様々な道具の柄やかんな台、土木用材などに利用されるとともに、炭や薪材としても、重要であった。アラカシ、シラカシ、ウラジロガシとカシ類はたくさんの種類があり、何れも常緑樹である。アラカシは、公園や庭木として植栽されることも多いが、暖地に多い植物で、市内北部や山地部での自然分布はない。葉は、楕円形で光沢があり、先端部に少数の鋸歯がある。どんぐりは1年で熟し、長さ約1.5cm。名前は粗樫で、枝葉が粗大で武骨な事からつけられた。樹皮が暗緑灰色で、クロガシの別名もある。

25

ブナ科

ミズナラ／Quercus crispula

落葉高木／約30m／花期：5月、黄緑色の花

分　布：北海道〜九州
生育地：山地

　高島市内では、山地の落葉広葉樹林に普通に生育する。ブナとともに日本の温帯を代表する広葉樹で、ブナと混生するか、純林を作る。樹皮は黒褐色または灰黒色で、不規則な裂け目があり、表面がはがれやすい。葉はコナラに似るが、葉柄がないかごく短く、基部は狭くなって少し耳状になる。雌雄同株で、雄花序は新枝の下部から数個出て下垂し、雌花序は新枝の上部の葉腋から出て短く、1〜3花をつける。堅果（どんぐり）は、長さ2〜3cmで楕円形をし、年内に熟す。別名オオナラというが、コナラに比べると葉も大きく、堅果も大きい。高島市ではミズホウソともいう。

> ブナ科

シラカシ／Quercus myrsinaefolia

常緑高木／約20m／花期：5月、黄緑色の花

分　布：本州（福島、新潟以西）、四国、九州
生育地：山地

　高島市内では、平地の社寺林、ブナ帯下部の遷移の進んだ森に普通に生育する。暖地では、生け垣や防風林、屋敷林として植えられ、材は建築、器具、楽器など様々な用途に用いられる。樹皮は帯緑褐色で、縦の皮目ができる。葉は互生し長柄があり、狭長楕円形で、浅い鋸歯がある。葉は無毛で緑白色。雌雄同株で雌花序がコナラ属としては長く伸び、多数の花をつけ、時に5～6個の堅果を実らせる。堅果は卵形から楕円形で長さ15～18㎜。秋に黒褐色に熟す。和名は材が白いことから名づけられた。

ブナ科

コナラ／Quercus serrata
落葉高木／約15m／花期：4〜5月、黄褐色の花

分　布：北海道〜九州
生育地：平地、山地

　高島市内では、平地から山地の二次林に普通に生育する。コナラは雑木林の代表的な樹木の１つで、里山に普通である。昔から、薪炭材やシイタケの原木として利用され、ドングリは森の野生動物の重要な食料である。樹皮は灰白色で縦に不規則に割れ目ができる。葉は互生し、葉身は長楕円形で、上半分の縁にやや丸みを帯びた鋸歯がある。雌雄同株で、雄花序は新枝の基部に多数ついて下垂し、雌花序は新枝の上部の葉腋に出る。芽吹きは他の樹木に比べ遅く、高島市では４月の下旬からで、葉が開くと同時に花が咲く。堅果は長楕円形または楕円形で、長さが1.6〜2.2cm。ミズナラに比べるとかなり小さい。高島市では、コメホウソとか単にホウソといわれる。

ブナ科

アベマキ /Quercus variabilis

落葉高木／約15m／花期：4〜5月

分　布：本州（山形県以西）、四国、九州
生育地：丘陵地、山地

　高島市内では、里山に生育し、やや稀。葉はクヌギに似ているが、葉の裏に星状毛が密生し、白く見える。また、樹皮にはコルク層が発達し、爪が立つほどの弾力がある。昔は、コルクとしての利用も行われたが、良質ではない。どんぐりは丸く大型で、クヌギとよく似ている。多少アベマキが大きいが、ともに個体変異があり、区別はやや難しい。アベマキの「アベ」は岡山県の方言であばたを意味し、樹皮がでこぼこしていることによる。マキは真木か薪からの由来と考えられている。高島市内にはクヌギの森が多いが、アベマキが混生することもある。昔は、薪炭としての需要があり、盛んに植林されたものが、今は、立派な森となっている。クヌギに比べ、枝葉が大ぶりでたくましいことから、オクヌギ、また、葉裏の毛が多いことから、ワタクヌギなどとも呼ばれる。

豊かな自然に育まれた高島の大樹

　高島市は、豊かな自然とともに、森林が比較的伐採されずに残っている。渓谷沿いを歩いていくと、大変立派な樹木に出会うことがある。また、尾根筋にもブナ林やミズナラ林が残っているところがあり、ブナやミズナラの大樹が生育する。

　朽木上村の佐慶美谷(さけびだに)には、多くのトチノキが生育し大樹も多い。山深い地で、曲がった樹形が材として適さないなどの理由から伐採をまぬがれたようである。平良にあるトチノキは、胸高周囲6m余りで、県下有数の大樹である。樹姿はすばらしく、大きな樹冠を広げる。秋には多くの果実が実り、地元の人たちが拾いにいく。

　カツラの木は、聖木とされてきたために伐採されずに残ったものが多い。トチノキ同様渓谷特有の樹木で、蛇谷ヶ峰中腹の指月谷上流には、胸高周囲8.46mの大樹が生育する。

　アシウスギは、多雪地特有のスギで、雪で押し曲げられた枝から発根する性質がある。旧朽木には胸高周囲数mに及ぶ大樹が多くあったようだが、東大寺の建立に使われた記録が残るなど、昔から建築材として盛んに伐り出された。今ではほとんど植林のスギに変わり、尾根付近にわずかに残る。白倉岳のスギはその1つで、県下有数の大樹である。雪で曲げられた枝が横に張り出し、特有の樹形を作る。

　ブナはかつて温帯域に普通であったが、近年少なくなった樹木の1つである。京都府や福井県との県境尾根にはブナ林が残り、今津町近江坂には、胸高周囲3m余りの大樹も見られる。

カツラの木

トチノキ

ニレ科

ケヤキ /Zelkova serrata

落葉高木／20～30m／花期：4～5月、淡黄緑色の花

分　布：本州、四国、九州
生育地：山地の沢沿い

　高島市内では、平地から山地の渓流沿いに普通に生育する。特に石田川、鴨川、安曇川の河辺林に多い。里近くには植栽も多い。扇を広げたような端正な樹形になり、公園樹や都市の街路樹として好んで植えられる。滋賀県では、湖西や湖北の河辺林にケヤキが見られる。材は木目が美しく、狂いも少なく耐久性も高いため、さまざまな用途に用いられる。高島市では、家の大黒柱に使われたりしている。樹皮は若い木ではなめらかだが、年をとるにつれてはがれ、波状の模様となる。葉は短い葉柄があり、互生する。鋸歯があり、葉身は卵形、表面がざらつく。葉脈は葉の裏に突出し、側脈はエノキと異なり鋸歯の先端に達している。花は春に新葉とともに開花する。雌雄同株で、雄花は新枝の下の方につき、雌花は上の方につく。果実は秋に黒く熟し、いびつで扁平な球形である。

31

クワ科

カナムグラ /Humulus japonicus
つる性1年草／花期：8〜10月、淡黄緑色の花

分　布：北海道〜九州
生育地：路傍、荒地

　高島市内では、平地の路傍、草地、河川敷などに普通に生育する。万葉集に「玉敷ける家も何せむ八重葎おほえる小屋も妹とし居らば」と詠まれた八重葎は、カナムグラだといわれる。和名は「鉄ムグラ」で、茎が針金状で強く、生い茂ることによ り名づけられた。葉や葉柄には逆刺があり、他の植物に絡みつく。葉は対生し掌状に5〜7中裂し、表裏ともに毛がありざらつく。雌雄異株で、雄花は円錐状の花序に多数つき、雌花は短い穂に集まってつき、重なりあった緑色の苞に包まれる。果実は痩果、扁球形で直径約5mm、表面に紫褐色の斑点がある。写真は雄株。

クワ科

ヒメコウゾ/Broussonetia kazinoki

落葉低木／2～5m／花期：4～5月

分　布：本州（岩手県以南）、四国、九州
生育地：平地、山地の林縁

　高島市内では、山地に普通に生育する。ヒメコウゾを含むコウゾ属は、東アジアに3種類が分布する小さなグループで、ヒメコウゾ、カジノキ、ツルコウゾとともに、栽培品のコウゾがある。ヒメコウゾを単にコウゾとも言うが、和紙の原料となるコウゾは、野生のヒメコウゾとカジノキとの種間雑種の中から選抜されたもので、栽培される。葉はクワに似ているが、質は薄くざらつくことから区別できる。昔は、コウゾとともに、紙の原料にされるとともに、布を織るのにも使われた。雌雄同株で、初夏、新枝にそって赤い果実ができ、食べられる。市内には、林道沿いから山の渓流沿いなどに普通で、時には5mほどの大樹も見られる。和名は、コウゾの古名「かぞ」からきていると言われ、アカソ、カミクサなどの別名がある。

33

クワ科

クワクサ /Fatoua villosa
1年草／30～80㎝／花期：9～10月、淡緑色の花

分布：本州、四国、九州、沖縄
生育地：草地、畑地、路傍

　高島市内では、平地の路傍、畑地、人家周辺などに普通に生育する。クワ科の植物にはイチジク、クワ、コウゾやアサ、ホップなど有用なものが多いが、クワクサは若葉が食用になる。養蚕のために栽培されたクワの葉に似ている事から「桑草」の名がある。クワクサには乳管がないため、茎葉を傷つけてもイチジクのような乳液は出ない。クワクサは風媒花だが、自力で花粉を飛ばす事もできる。蕾の時には内側に巻き込んでいた雄しべが開花時に反り返り、その運動で花粉を弾き飛ばす。この現象はイラクサ科の植物でよく見られる。茎は直立して枝を分け、微細な毛に覆われて、時に暗紫色を帯びる。葉は互生して柄があり、卵形で先が尖り、粗い鋸歯がある。質は薄く、両面に毛がありざらつく。葉腋から集散花序を出し、雄花と雌花が混生する。

イラクサ科

ヤブマオ /Boehmeria longispica

多年草／約1m／花期：8〜10月

分　布：北海道〜九州
生育地：山野

　高島市内の平地から山地の林縁部や林内に普通に生育。平地の河辺林や竹藪の周辺で見られるが、どちらかというと山地の林縁部に多い。繁殖力が旺盛で、時に群生する。イラクサ科の植物で、アカソ、クサマオなど同じ仲間。昔は、繊維を採るために栽培されたこともある。また、若芽は食用とされることもある。葉は卵状長楕円形で、先はとがり、葉の質はやや厚い。よく似たものにメヤブマオがあるが、葉の質は薄く、全体に弱弱しさがある。赤みを帯びたアカソに対して、アオソとも呼ばれる。和名は藪真麻で、繊維をとったことによる命名。

イラクサ科

カラムシ（クサマオ） /Boehmeria nipononivea

多年草／1～1.5m／花期：7～9月、黄白色の雄花と淡緑色の雌花

分　布：本州、四国、九州
生育地：原野、人家周辺

　高島市内の平地の路傍から山地の林縁部や草地などに普通。秋、茎の上部の葉腋から、毛虫のような穂が上向きに伸びるのが雌花で、雄花はない。受精することなく、無性生殖によって繁殖することから、雑草的な性質を持ち、路傍や田畑の法面、石垣の隙間、山地の道沿いなど幅広く生育する。また、非常に繁殖力の旺盛な植物で、群生することが多い。よく似ているが、茎などに毛の多い、セイヨウカラムシが平地では優勢で、窒素分に富んだ畑などが放置されると、一面に繁茂するところがある。繊維質に富むことから、第二次世界大戦前や戦中には繊維をとるのに利用された。秋口、カラムシの葉が大量の毛虫に食べられていることがある。フクラスズメの幼虫で、大発生すると周辺のカラムシがすべて食べつくされることがある。

イラクサ科

アカソ／Boehmeria tricuspis
多年草／50～80cm／花期：7～9月、帯赤色の花

分　布：北海道～九州
生育地：平地、山地

　高島市内では、平地から山地の道ばたや林縁部などに普通に生育する。本州の日本海側に多い種で、名の示す通り茎と葉柄が赤いのが特徴。アカソは「赤麻」で、「ソ」は繊維の意味である。染色にも使われ、クロム媒染で薄い赤が得られる。また、葉を煎じてお茶にすると、赤みを帯びたきれいな色になる。葉は対生し、3主脈がある。粗い鋸歯があって葉先は大きく3裂し、中央のものは長く尾状に伸びている。葉は薄く、全体として毛はごく少ない。雌雄同株で、雌花と雄花は別の穂を作る。茎の上の方につくのが雌花。小さな花が丸いかたまりとなり、これが互いにやや接して縦に並び、細長い穂になっている。果実は全体に微細な毛があり、扁平である。

イラクサ科

ヤマトキホコリ／Elatostema laetevirens
多年草／20〜40cm／花期：8〜10月、緑白色の花

分　布：北海道〜九州
生育地：山地の陰地

　高島市内では、山地の渓流沿いや、湿り気のある林内にやや稀に生育する。トキホコリは人家近くの湿った日陰に生える一年草で、時を得ると繁茂する（ホコル）事からつけられた。ヤマトキホコリは、山に生えるトキホコリの意である。多年草でウワバミソウに似、同じように山菜として利用される。茎がみずみずしい淡緑色をしているのでこれをアオミズ、根もとが赤みのかったウワバミソウをアカミズと呼ぶ地方もある。初夏から夏にかけて茎の部分を食べる。葉は斜めにゆがんだ形をしている。ウワバミソウに似ているが、葉の色は黄色味がかった緑色で、先はそれほど尾状に伸びず、鋸歯も少な目で尖らない。また花期も遅く、秋になっても茎の節はふくらまない。雌雄同株、稀に異株。秋に雌花と雄花が混じり合って、葉のつけ根に丸いかたまりとなってつく。

イラクサ科

ウワバミソウ / Elatostema umbellatum var majus

多年草／30～60cm／花期：4～7月、緑白色の花

分　布：北海道～九州
生育地：山地の渓流沿い

　高島市内では、山地の谷沿いや滝付近に普通に生育する。和名はウワバミ（蛇）が出そうな場所に生育している事からつけられた。別名はミズナで、水菜と書く。「茎が柔らかくみずみずしい菜」という意味である。「菜」という名前が示すように山菜として利用される。春から夏にかけての柔らかい茎を食べる。よく利用されるので地方名も多い。「しずく菜」（佐渡など）、「伊勢菜」、そして高島市では「水ブキ」などと呼ばれている。赤みを帯びた根茎から茎が斜めに伸びる。葉は互生し、左右2列に並ぶ。葉柄はなく、葉の形は左右がやや不同形。粗い鋸歯があり、先は尾状に伸びる。雌雄異株（稀に同株）で、花は緑白色。雌花の花序は無柄だが、雄花の花序には1～2cmの柄がある。晩秋、茎の節がふくれてむかご状になり、これが落ちて発芽し、新しい苗になる。

イラクサ科

ムカゴイラクサ / Laportea bulbifera

多年草／40〜70cm／花期：8〜9月、白色の花

分　布：北海道〜九州
生育地：山地の木陰

　高島市内では、山地の湿った林内に生育するがやや稀。名の通り、秋になると葉柄のつけ根に直径5mmほどのむかごをつける。学名のbulbiferaも球芽をつけるという意味である。またイラクサ同様、茎や葉に刺毛があってさわると痛い。酸が含まれているからである。これを食べる地方は少ないようだが、若芽をてんぷらにしたりゆでて食べる事ができる。中国では根、全草を薬用にする。リューマチなどに効くとされている。葉は互生し、卵状の楕円形。鋸歯は大きさがそろっていて数が多い。雌花と雄花があり雌雄同株。雌花の花序は茎の上部につき長い柄がある。雄花の花序は雌花より下方につき、葉より短い。写真には、むかごが写っている。

イラクサ科

ミヤマイラクサ／Laportea macrostachya

多年草／0.4〜1m／花期：7〜9月、白色の花

分　布：北海道、本州、九州
生育地：深山の湿った林縁、岩礫地

　高島市内では、山地の谷沿いや湿り気のある林内に生育するが、やや稀。秋田や山形ではアイコという名前で親しまれている山菜。くせがなくおいしいので「山の鯛」とも呼ばれる。山菜としてはイラクサ科の中では最上で、一部で栽培されている。アイソという地方名もある。「ソ」は糸とか繊維を意味する古い言葉。茎の繊維から縄や織物、帽子やハバキを作ったという。飛騨白川郷あたりでいうイラヌノは、ミヤマイラクサの繊維で織った布である。茎はまっすぐに立ち、葉とともに刺毛が多い。葉はイラクサに似るが、互生する事、より大きくて丸く、先端が亀のしっぽのように尖る事が区別点。雌雄同株。雌花の穂は細長く、茎の上の方に数本つく。多数の白い雄花が集まった雄花序は、下の方の葉のつけ根から出る。ムカゴイラクサやイラクサと同様、葉や茎の刺毛に触れると痛い。ひどい時はしばらくしびれる。

> イラクサ科

サンショウソウ／Pellionia minima
多年草／10〜30cm／花期：3〜6月、紫褐色の花

分　布：本州（関東地方以西）、四国、九州
生育地：山地の林床

　高島市内では、山地の谷沿いや湿り気の多い日陰地に普通に生育する。和名は「山椒草」で、葉がサンショウに似ている草という意味。茎の基部は多少分岐して地を這い、細毛がある。茎が這うので、ハイミズとも言われ群がって生える。葉は互生し、ゆがんだ倒卵形で長さ1〜3cm、4〜5対の鈍鋸歯がある。雌雄異株で、雄花序には短い柄があるが、雌花序にはない。雄花被片は4個、背面に角状の突起がある。雌花被片は5個、長さは不同で、上部にのみ形の付属片がつくものがある。痩果は楕円形で長さ0.7mm内外、表面にはサンショウの実のような凸点が多い。滋賀県内にはオオサンショウソウも分布する。

イラクサ科

ミズ／Pilea hamaoi

1年草／30〜50cm／花期：7〜10月、緑色の花

分　布：北海道〜九州
生育地：山地の日陰地

　高島市内では、平地から山地の日陰地のやや湿り気の多い場所に普通に生育する。和名は全草がみずみずしい事により名づけられた。全体に柔らかく茎は紫紅色を帯び、下部がやや横に這う。葉は対生し、2〜5cmとやや小型で、低い鋸歯がある。葉腋に集散花序をつけ、雄花と雌花を混生する。花後、広卵形の痩果をつける。アオミズとよく似ているが、茎の色（アオミズは緑色）、葉の大きさ（アオミズはやや大きい）、などで区別できる。学名のhamaoiは、牧野博士が発表した当時の浜尾東京大学総長の名からつけられたものである。なお、ウワバミソウの別名もミズといい、誤解されやすい。

ビャクダン科

ツクバネ／Buckleya lanceolata

落葉低木／1〜2m／花期：5〜6月、淡緑色の花

分　布：本州（関東以西）、四国、九州（北部）
生育地：低山の林床

　高島市内では、平地から山地の林縁部や林内に生育するがやや稀。半寄生性の植物で、ツガやモミ、アセビなどの根に寄生する。幹は直立し、多くの枝を水平または垂れ気味に伸ばす。葉は対生し、草質、広披針形で先は長く尖る。雌雄異株で、雄花は枝先の集散花序につき、雌花は枝先に1個つく。雌花には花弁はなく4個の萼片と1子房があり、萼片の下に4個の苞葉がある。花後、この苞葉が3cm程に成長し、子房が膨らむと羽根つきの羽のようになる。和名は「衝羽根」で、この果実が羽子板遊びの羽根に似ていることから名づけられた。果実は熟しても枝先に残り、強い風を待って遠くまで飛ばされる。中には種子が1個入り、煎って食べたり、塩漬けにしたりする。写真は雌株。

ビャクダン科

カナビキソウ /Thesium chinense

多年草／5〜30㎝／花期：5〜6月、白色〜緑色の花

分　布：北海道（南部）、九州
生育地：平地の草地・河原

　高島市内では、平地の河川敷や荒地にやや普通に生育する。日当たりのよい場所に生え、半寄生性で、他の草の根に寄生する。茎は叢生し15〜35㎝。葉は線形で互生し、長さ約2〜4㎝、幅2㎜。花は白色から緑色で小さく、葉腋に1個ずつつける。果実は楕円状球形で、先端に花披裂片を残し、緑色で隆起する網紋がある。和名は「鉄引草」。全草を乾燥させたものが漢方の「百ずい草」で、乳腺炎、肺炎、気管支炎、扁桃腺炎など、各種の急性炎症に用いられる。

ヤドリギ科

ヤドリギ／Viscum album ssp. coloratum
常緑で低木状の半寄生植物／20～60cm／花期：2～3月、黄色や緑色の花

分　布：北海道～九州南部
生育地：平地～山地

　高島市内では、平地の河辺林や山地の落葉広葉樹にやや普通に着生する。鳥に食べられ糞中に種が排泄され分布を広げるため、渡り鳥の通り道となる尾根筋の樹木には、特に多く見られる。ヤドリギは古くから縁起木とされ、冬でも茎葉が緑なので、昔は家畜の飼料にされた。江戸時代の飢饉の時、東北地方ではすりつぶして餅のようにして食べたという。枝は二股状に分岐する事が多く多肉で、葉は対生し、倒披針形で先は丸く3本の脈がある。花は放射相称で小さく、穂状や集散状に分岐した花序につく。花被片は3～4枚。果実は球形で淡黄色に熟す。粘液質の果皮に包まれ宿主植物に粘着する事ができる。この果実は鳥もちにもされた。中国ではクワに寄生したヤドリギの茎葉や果実を血圧降下や婦人病の薬として利用し、日本では腹膜炎の民間薬として使われた。

タデ科

ハルトラノオ / Bistorta tenuicaulis

多年草／3～15cm／花期：4～5月、白色の花

分　布：本州、四国、九州
生育地：山地の林縁

　高島市内では、山地のやや湿り気の多い植林地や渓流沿いに生育するがやや稀。和名は「春虎の尾」で、早春に虎のしっぽのような花穂を立てる事による。イブキトラノオの仲間である。別名をイロハソウといい、他の野草に先駆けて咲く様子が、物の初めを表すイロハに通じることから名づけられた。根茎は太く横に這い、ふくれた節があり、茎は直立する。根茎と種子で繁殖する。根生葉は2～3枚束生し、卵形～卵円形で先が尖り、基部は長い柄に流れる。茎につく1～2枚の葉は卵形で小さく、花後に大きくなる。茎の頂に1個の花序を立てる。花序は円柱形で、やや密に小花をつける。小花は花弁がなく、萼が5深裂する。萼より長い雄しべが目立つ。痩果は広楕円形で3稜があり、褐色で光沢がある。

タデ科

サクラタデ／Persicaria conspicua
多年草／50〜90cm／花期：8〜10月、淡紅色の花

分　布：本州、四国、九州
生育地：低地の湿地、水辺

　高島市内では、平地の湿地や放棄水田、沼や池の周りに普通に生育する。和名は「桜蓼」で、花の色がピンク色で桜のように美しい事による。よく似たシロバナサクラタデは、花が白色で、萼は半開する。雌雄異株で、根茎を伸ばして繁殖し、群生する。茎は直立して、多少分枝する。乾くと葉、茎ともに赤褐色を帯びる。葉は披針形で、短柄があり、互生する。質は厚く、下面と縁に短毛がある。さや状の托葉は、短い筒型で、上端に長い縁毛がある。茎の頂や上部の葉腋から1〜2本の細長い花序を出し、やや密に小花をつけ、先は垂れる。小花は花弁がなく、萼が5裂し、淡紅色で平開する。雌雄異株で、雌花では雌しべが雄しべより長く、雄花では雄しべの方が長く結実しない。痩果は萼に包まれ、3稜形で、光沢は少ない。

タデ科

ナガバノウナギツカミ / Persicaria hastato-sagittata
1年草／40～60cm／花期：9～10月、淡紅色の花

分　布：本州、四国、九州
生育地：水際、湿地

　高島市内では、内湖周辺などに生育するが稀。つる性また直立し、枝分かれした枝が1～1.5m程になる。川岸や湿地、原野、沼のヨシ帯周辺などで見られ、茎の先にピンク色をした花が集まり、総状花序となる。群生すると良く目立ち、美しく湿地を彩る。滋賀県では、高島市をはじめ、彦根市、近江八幡市で確認されているが、個体数は少なく、滋賀県版レッドデータブックでは、希少種とされる。内湖周辺では、毎年秋になると草刈が行われることもあり、生育地での個体数が減少している。タデ科植物は、よく似た種類が多く、区別はやや難しい。アキノウナギツカミとよく似ているが、花柄に腺毛があり、葉の基部はほこ形～やじり形となることで区別できる。

タデ科

オオイヌタデ / Persicaria lapathifolia

1年草／約1m／花期：6〜10月、淡紅色（ときには白色）の花

分　布：北海道〜九州
生育地：路傍、荒れ地、河川敷

　高島市内では、平地の路傍や河川堤防沿いや河川敷、荒地などに普通に生育する。和名は「大犬蓼」で、大型の犬蓼の意。イヌタデの名は、ヤナギタデに対するもので、葉に辛みがなくて役に立たないという意味で犬を冠してつけられた。イヌタデは、全体が小形で、托葉に縁毛があり、花穂が垂れず、果実が3稜形である。イヌタデとよく似たオオイヌタデは大型で、茎は無毛で直立し、上部でよく枝を分ける。多くは赤味を帯び、暗紫色の細点がある。下部の節は目立って膨らむ。葉は互生し、披針形で先が尖り、大きい。明るい緑色で、明瞭な側脈が数多く走る。鞘状の托葉は膜質で、縁毛は無い。枝先に太くて長い円柱形の総状花序を出し、小花を密につけて、先が垂れる。小花は花弁がなく、萼が4深裂し、花後も変色せずに残り、痩果を包む。果実は丸く扁平で、両面とも少しくぼむ。草木染めに使われる。

タデ科

イヌタデ /Persicaria longiseta
1年草／20〜50cm／花期：7〜9月、淡紅色の花

分　布：北海道〜九州
生育地：路傍、畑、田の畔

　高島市内では、平地や山地の道ばたや畑地の周辺から林縁などに普通に生育する。単にタデというとヤナギタデ（マタデ、ホンタデ）を指し、葉の辛みをタデ酢などの香辛料に用いる。これに対してイヌタデの葉には辛みがなく、役に立たないのでイヌという名がついた。しかし江戸時代の救荒食を記した本には若い葉をゆでて食べるとあるので、まったく役に立たないわけではない。茎の下部は地面を這って節から根を出し、たくさん枝分かれする。茎の節はあまりふくらまない。葉はごく短い柄があり、先端は尖らない。葉のつけ根部分にある鞘状の托葉は筒状で、縁に長い毛が生える。花穂はたくさんの花が密生し、円柱状。花は長さ2mm程度で、萼は5つに深く裂け紅色。実の時期も色は同じで、中に黒い3稜形の果実が1個できる。

タデ科

サデクサ／Polygonum maackianum

1年草／0.3～1m／花期：7月～10月、白色の花

分　布：本州、四国、九州
生育地：湿地、水辺

　高島市内の平地の湿地や沼の周りに生育するが稀。少しまとまって生育するのが、琵琶湖岸の湿地で、ヨシ帯の縁などに見られ、場所によっては群生する。草丈は0.3～1mで、茎には鋭い刺があり、茎は斜上するか直立し、他の植物まとわりつきながら生育する。葉は有柄で互生し、長さ3～8cm、幅2～7cm。披針状長楕円形～披針形で先鋭く尖り、基部はほこ形で耳状に左右に張り出す。花は小さな白色の花が2～5個ずつ集まってつく。暖温帯の低湿地に生育する植物で、滋賀県南部に多く、北部には少ない。近年、湿地環境の悪化により個体数が減少し、レッドデータ種となっている。別名ミゾサデクサ。

タデ科

アキノウナギツカミ／Persicaria sieboldi
1年草／約1m／花期：7〜10月、白色から淡紅色の花

分　布：北海道〜九州
生育地：水辺、溝

　高島市内では、平地の湿地や放棄水田などに普通に生育する。茎は枝を分け、下部は地面を這って根を出す。茎には下向きの刺があり、ものに絡みつく。葉は普通有柄で、卵状披針形から長披針形で、基部は矢じり型となり茎を抱く。花は、枝の先で2〜3に分岐した先に穂状につく。和名は、茎に生える刺を使えばウナギも捕まえることができるという意味からつけられた。ウナギツカミはアキノウナギツカミに似ているが、花が春から初夏に咲き、高島市では見つかっていない。また、同じ仲間のヤノネグサは高島市に普通に生育するが、葉には長い葉柄があり、茎の逆刺はまばらである。

タデ科

イシミカワ /Persicaria perfoliata
つる性の1年草／約2m／花期：8〜10月、緑白色の花

分　布：北海道〜九州
生育地：林縁、路傍、河原

　高島市内では、平地の湿地や内湖周辺にやや普通に生育する。和名の由来にはいくつかの説があるが、はっきりしない。「石見川」という大阪府の地名からとったという説、肥大化した肉質の花被に包まれた果実の姿から「石実皮」と言ったとする説、「石膠（いしにかわ）」からの転訛とする説などがある。緑白色で小さな花は見落としやすいが、皿状の苞葉の上に乗る緑、紫、青の痩果は目立つ。茎の鋭い逆刺で他の草や木にまといつき、よく分枝する。葉は互生し、三角形で、葉身の下面に長柄が楯状につく。鞘状の托葉は鞘部が短く、上の縁は円状に広がって皿状になって茎を包む。

タデ科

オオケタデ／Persicaria pilosa

1年草／約1m／花期：8～11月、淡紅色の花

インド、マレーシア、中国原産の外来植物
生育地：荒れ地、河原

　高島市内では、平地の荒地や河川敷、市街地の荒地に生育するがやや稀。茎は太く、多数分岐し、2m程になることもある。葉は長さ10～20cm、茎や葉には短毛を密生する。『帰化植物』（久内清孝著、科学図書出版社）には、大和本草に掲載されるハブテコブラがこれにあたるとしているなど、江戸時代の中頃には広く栽培されていたことが分かる。以来、庭先で栽培されるとともに、野生化し、現在は荒れ地や河原、造成地などで見かけることがある。和名は「大毛蓼」。

タデ科

ママコノシリヌグイ／Persicaria senticosa

1年草／30〜60cm／花期：5〜10月、淡紅色の花

分　布：北海道〜九州
生育地：荒れ地、田の畦、水湿地

　高島市内では、平地の湿地や沼の周辺、湿り気の多い荒地などに普通に生育する。葉と茎に下向きの刺がたくさんあって、肌をひっかくと痛い。日本名は漢字で書くと「継子尻拭」。学名のsenticosaも「刺の密生した」という意味で、中国でも「刺蓼」という。ただ、イシミカワ、アキノウナギツカミなど茎に刺のあるタデの仲間はいくつかあるので、刺だけでの区別はむずかしい。茎はよく枝分かれしてつる状になり、刺によって他の植物などにまといつく。葉は三角形で同じ仲間のイシミカワよりも長い。刺は裏面の脈上、葉柄にもある。さや状托葉の筒部は短く、上部は円い緑の葉の形になっている。数個の花が枝の先に集まって頭状花をつくり、萼は5つに深く裂け紅色。果実は黒色でつやがない。

タデ科

ミゾソバ／Persicaria thunbergii

1年草／0.3〜1m／花期：7〜10月、紅色の花

分　布：北海道〜九州
生育地：山野の水辺、田の畦

　高島市内では、平地から山地の湿地や放棄水田、溝などに普通に生育する。和名は「溝蕎麦」で、溝に生え、葉の形が蕎麦に似ている事による。別名のウシノヒタイは「牛の額」で、正面から見た牛の顔と葉の形が似ている事による。枝先に咲く花のほかに、横に這う茎から分かれた地下茎の先には、同花受粉によって結実した閉鎖花をつける。若芽と若葉は食用になる。茎の逆刺で他物にからみつきながら群生する。茎の基部は地を這って節から根を出し枝分かれし、上部は直立する。葉は互生し、基部の両側が左右に出た矛形で先が尖る。質は薄く、両面に星状毛と刺毛が出る。鞘状の托葉は短く、縁毛が多い。花は枝先に小花が10個程度頭状に集まってつく。小花は花弁がなく、萼が5裂し、楕円形。縁が紅色（ときに緑色）で、下部は白色。花後、痩果は宿存する緑色の萼に包まれる。

タデ科

イタドリ / Reynoutria japonica

多年草／0.3〜1.5m／花期：7〜10月、白色〜淡紅色の花

分　布：北海道〜九州
生育地：荒れ地、草地

　高島市内では、平地から山地の路傍、河川堤防沿い、荒地などに普通に生育する。荒れ地や崩れた崖などに先駆けて生えるパイオニア植物で、雌雄異株。中国名の「虎杖」は、杖は茎、虎は斑点の事で茎の斑点模様からきている。和名は「痛みを取る」の意味からきているといわれる。地下茎から出た若芽は竹の子状に伸び、赤く中空で、折ると「ポン」と心地良い音が響いて楽しい。スイバとともに「スカンポ」と呼ばれ、生食や塩漬けなどにして食べる。葉は卵形〜広卵形で膜質の托葉鞘がある。戦時中は若葉を乾燥し刻み、タバコの代用とした。下の写真は雌株。

タデ科

スイバ／Rumex acetosa

多年草／50〜80㎝／花期：5〜8月、緑色の花

分　布：北海道〜九州
生育地：路傍、田畑の畦、土手

　高島市内では、平地の道ばたや草地、畑地などに普通に生育する。和名は「酸い葉」で、茎や葉にクエン酸、シュウ酸などを含み酸味がある事による。別名のスカンポも葉の酸っぱさによる。スイバは雌雄異株の風媒花だが、派手な色彩の花を咲かせる。1つずつを見ると小さいが、わずかな風にも莫大な数の花粉を散らす雄しべ、空中の花粉を受け止めるための細かく裂けた柱頭など、近づいてみると美しい姿が観察できる。イタドリやギシギシと近縁であり、食用にも薬用にもなる。茎は中空ではなく、縦に筋があり、しばしば赤味を帯びる。根生葉と、茎に互生する下部の葉は長楕円形で長柄があり、基部は矢尻形にくぼむ。高島市では「スイトウ」と呼ばれ、昔はおやつがわりにかじった。ギシギシは全草緑色で赤味がなく、雌雄同株、葉身の基部は葉柄に向かってしだいに細くなる。写真は左が雌株、右が雄株。

タデ科

ヒメスイバ / Rumex acetosella

多年草／20〜50cm／花期：5〜8月、緑色の花

ヨーロッパ原産の外来植物
生育地：路傍、荒地

　高島市内では、市街地の道ばたや荒地、河川敷などに普通に生育する。和名は「姫酸い葉」で、植物全体の感じがやさしく女性的である事による。茎や葉にシュウ酸を含み酸味がある事、雌雄異株で風媒花、種子と地下茎で繁殖する点はスイバと同じ。しかし、根生葉の形は大きく異なる。スイバの葉の基部が矢尻形になるのに対して、ヒメスイバの葉の基部は左右が張り出した矛形になる。茎は細く、直立してよく分枝し、スイバより低い。根生葉と下部の葉は長柄があり、矛形。茎につく葉は互生し、上ほど小さくなり、基部がはり出さない。枝の先に花軸を伸ばし、枝分かれして円錐花序を作り、各枝に小さい花を輪生させる。雄花、雌花とも花被片は6個で、緑色。雌花は雄花より小さく、柱頭が鮮赤色で目立つ。

タデ科

ギシギシ / Rumex japonicus

多年草／0.4〜1m／花期：6〜8月、淡緑色の花

分　布：北海道〜九州
生育地：原野、道ばた

　高島市内では、道ばたや草地に普通に生育する。乾燥した道ばたから山地の林縁部まで幅広く生育する。放棄畑や荒地では、時として群生し、高さ1m程にもなる。ヒメスイバ、アレチギシギシ、ノダイオウなどみな同じ仲間である。春の新芽は、スイバと似ているが、余り酸味はない。酸味の正体はシュウ酸で、様々な植物に含まれる。タデ科の他、ショウジョウバカマ、スノキなどシュウ酸を含む植物は多いが、いずれも凍りにくく、寒さに対する抵抗力が強い。ギシギシという名前は、昔、子ども達が茎をすり合わせてギシギシという音を立てたからだともいわれる。地下茎や根を粉に引いたものは、皮膚病の薬として使われた。また、同じイタドリの仲間を、ヨーロッパでは野菜として利用するほか、緩下剤としても用いられる。

ヤマゴボウ科

ヨウシュヤマゴボウ / Phytolacca americana L

多年草／1～2m／花期：6～9月、白色の花

北アメリカ原産の外来植物
生育地：市街地の空き地、荒れ地

　高島市内では、平地の道ばたや人家周辺や畑地周辺など、やや肥沃な土地に普通に生育する。和名は「洋種ヤマゴボウ」の意味で、太いゴボウ状の根を持つ。ただし、硝酸カリを含み有毒。熟した果実をつぶすと赤い汁が出て、インクの代用にも、染物の原料にもなるが、時とともに色が褪めてしまう。以前は、ポートワインや菓子を赤く染める時にも使われた。近似種のヤマゴボウは花序も果序も短く直立し、茎や枝には赤味がなく緑色である。ヨウシュヤマゴボウの茎は太く、上部で枝分かれして株状になる。通常紅紫色を帯びる。葉は互生し、卵状披針形で、ゆるやかに波打つ。赤味を帯びた短い柄がある。枝先や葉腋から花序を出し、長い穂になって垂れ、小花が多数つく。花は花弁がなく、萼片5個が白色でわずかに紅色を帯びる。果実はかぼちゃ形、若いうちは緑色で、熟すと黒色になる。なお秋には茎に加えて、葉も赤くなる。

ザクロソウ科

ザクロソウ／Mollugo pentaphylla

1年草／約30㎝／花期：7〜10月、白色の花

分　布：本州、四国、九州
生育地：路傍、畑地

　高島市内では、市街地の道ばたや庭先、畑地に普通に生育する。畑地で群生して害草となる事がある。和名は「柘榴草」で、葉がザクロの葉に似ている事による。見栄えのしない一日花に蜜をもとめて訪れる昆虫は少ない。しかし、花が閉じる時に自家受粉するので種子は出来る。よく似た、北アメリカ原産の外来植物のクルマバザクロソウは花が葉腋に輪生し、葉は4〜7個の輪生状になる。ザクロソウは茎が細く、基部は地を這いよく分枝して広がり、上部は斜上する。葉は披針形で先が尖り、全縁で柄がない。互生だが、各節に3〜5個ずつ輪生状に集まる。ただ、茎の上部では小さな葉が対生する。茎の先で分枝して小花柄となり、まばらに花をつける。花弁はなく、萼片が5枚で、白緑色。蒴果は球形で、熟すと腎円形の種子が多数出る。

スベリヒユ科

スベリヒユ /Portulaca oleracea

1年草／15～30㎝／花期：7～9月、黄色の花

分　布：北海道～九州
生育地：畑地、市街地

　高島市内では、平地の畑地や道ばた、市街地の荒地などに普通に生育する。和名は「滑りヒユ」で、茹でて食べる時、粘液のため滑りやすいからという説があり、また、ヒユの仲間で茎葉が無毛で滑らかであるからという説もある。スベリヒユの花は一日花で、日が当たると開き、短時間で閉じる。雄しべに触れるとゆっくり曲がって寄り集まる。花弁は散る事なく筒状の萼の中に消えてしまう。果実は楕円形で、熟すと上半分が帽子状にとれ、多くの種子をばらまく。マメ科の植物では普通に見られるが、スベリヒユの葉も夜になると閉じる。多くの植物は、萼や花弁の上部に子房がある子房上位であるが、スベリヒユは子房と萼、花弁がほぼ同じ位置にある子房中位である。若い茎葉が食用にされるほか、利尿、解毒剤等として薬用にもされる。

ナデシコ科

オランダミミナグサ / Cerastium glomeratum

越年草／10〜30cm／花期：5月、白色の花

ヨーロッパ原産の外来植物
生育地：水田の裏作、畑地、草地、荒地、路傍

　高島市内では、平地の耕作地や道ばたに普通に生育する。明治末期に牧野富太郎によって確認され、全国に広がった。いたるところに生育する外来植物で、特に平地の耕作地に多い。秋に芽生えた幼苗はそのまま越冬し、春先に伸びる。茎は直立または斜上し、株になる。全体に毛が多く、少し粘つく感じがする。日本にはミミナグサが生育するが、全国各地でオランダミミナグサに押され、減少する傾向がある。高島市内でも、ミミナグサよりはるかに多い。ミミナグサとは、毛が多いことと、茎が紫色を帯びないこと、花柄がく片と同長かやや短いなどの相違点が見られる。和名は和蘭耳菜草で、和蘭は外来種を意味し、耳菜草はネズミの耳に似ていることによる。

ナデシコ科

ミミナグサ /Cerastium holosteoides var. hallaisanense
越年草／15〜30㎝／花期：5〜6月、白色の花

分　布：北海道〜九州
生育地：路傍、畑地

　高島市内では、平地の畑地や道ばたなどに普通に生育する。和名の「耳菜草」は、毛の多い葉の形がネズミの耳に似ている事に由来する。「枕草子」、「本草和名」など古くからの書物にも見られ、他にもホトケノミミ（仏耳）、ネコノミミ（猫の耳）として親しまれている。若い苗は食用になる。明治末期に入ってきたオランダミミナグサにおされて年々少なくなっているともいわれるがよく分からない。茎は斜めに伸び、多少とも赤味を帯びる。短毛があり上部には腺毛もある。葉は対生し、卵形から楕円状披針形で柄を持たず、両面に毛がある。茎の先端に白色花が群がるようにつき、ハコベに似るが、ハコベの5枚の花弁は深く2裂して10枚のように見えるが、ミミナグサはより浅く2裂する。

ナデシコ科

ナンバンハコベ／Cucubalus baccifer

多年草／約1.5m／花期：7～10月、白色の花

分　布：北海道～九州
生育地：平地、山地

　高島市内では、山裾の耕作地周辺などに生育するがやや稀。和名は南蛮ハコベであるが、外国から渡来した外来種ではなく、日本全国に分布する在来種である。熟すと黒くなる実や、反り返ったがくなど、独特の花形は他にはなく、外国産の珍しい植物と思われがちである。ハコベと同じ仲間とは想像しにくいが、ナデシコ、フシグロセンノウなどなじみのある植物と同じ、ナデシコ科に属する。長く伸びた茎は、他の植物に覆いかぶらすように生育し、節から発根することなど、ナデシコ科のなかでは変わり者である。1属1種で、旧大陸に広く分布し、シベリアをへてヨーロッパにも分布する。県内にも広く分布するが、最近、少なくなってきた植物の1つである。ただ、1ヶ所見つかると広い面積に広がり、よく目立つ。

ナデシコ科

カワラナデシコ / Dianthus superbus var. longicalycinus
多年草／30〜80cm／花期：7〜10月、淡紅色の花

分　布：本州、四国、九州
生育地：低地の草原、河原

　高島市内では、平地の草地や河川敷に生育するがやや稀。秋の七草の1つである。河原によく咲くので、カワラナデシコ（河原撫子）と呼ばれ、山野に多く自生するが、最近は少なくなっている。1992年から発行されている270円切手の図案にも使われているように、身近で人々に親しまれている植物の1つである。ナデシコ（撫子）というのは、花がピンク色で愛らしいので、愛児になぞらえてつけられたという。ヤマトナデシコ（大和撫子）の別名は、中国からの渡来種のセキチク（石竹）を、カラナデシコ（唐撫子）と呼ぶのに対して名づけられた。ナデシコをこよなく愛していた子が亡くなり、両親が嘆き、形見の花としたという伝説もあり、カタミグサ、カタミソウ（形見草）の別名もある。属名は神を表すギリシャ語のdiosと、花それぞれの意を表すanthusからなり、神聖な花とされてきた。直立した茎は上部で分枝し、先端に淡紅色の花をつける。

ナデシコ科

フシグロセンノウ／Lychnis miqueliana

多年草／50～80㎝／花期：7～10月、朱赤色の花

分　布：本州、四国、九州
生育地：山地の林床、谷間、林縁

　高島市内では、山地の林内や谷沿いに生育するがやや稀。夏の緑の山地の中に、ぽつんぽつんと咲く朱に近い大輪の花（花径5～6㎝）はあでやかで美しい。属名のLychnisは灯火を意味するギリシャ語に由来する。和名は、中国から渡来した植物で、京都嵯峨野の仙翁寺にちなんで名づけられたセンノウに似て、茎が太く黒褐色を帯びる事による。別名のオオサカグサ（逢坂草）は、大津市と京都市の境にある逢坂山で多く見られた事による。机花の別名もあるが、これは筒状の萼の上部から水平に開いた5枚の花弁の4枚をとって重ね合わせると、机のようになる事による。かつては、お盆の頃にどこでも手に入り、仏前に供える盆花として利用されていたが、花の色も形もよく目立つので多く採取され、数少なくなってきている。茎は直立し上部は分枝し、まばらな軟毛をもつ。葉は対生し、卵形から長楕円状披針形、全縁で基部に向かって細くなる。

ナデシコ科

マンテマ / Silene foliosa var.quinquevulnera
越年草／20～50cm／花期：8～10月、赤に白の縁取りの花

ヨーロッパ原産の外来植物
生育地：海岸や荒地

　高島市内では、湖岸沿いの砂浜や川原に自生しやや普通。在来植物ではなく、ヨーロッパ原産の外来植物。江戸時代に観賞用として導入されたものが、野生化し広がった。原産地のヨーロッパ同様、路傍から農耕地、荒地や砂地を好むため、県内では、湖岸の浜に広く見られるようになった。高島市内でも、広く分布し、市街地の路傍にまで分布を広げている。ナデシコを小さくしたような花で、赤に白い縁取りのある花弁や、淡紅色、白色をしたものまである。白色のものは、シロバナマンテマという。茎の下部はやや這い、よく分枝する。時に群生し、初夏、湖岸の砂浜が、一面マンテマが覆われるほどの生育ぶりである。

ナデシコ科

ウシハコベ／Myosoton aquaticum

2年草または多年草／20～50cm／花期：4～10月、白色の花

分　布：北海道～九州
生育地：路傍、空き地、畑地

　高島市内では、平地から山地の畑地や路傍、人家周辺の草地などに普通に生育する。「はこべら」の名で親しまれ、春の七草に数えられてきたハコベの一種。ハコベより少し遅れて日本へ入ってきたとされる史前帰化植物。他のハコベより葉、花ともやや大型であるので、「牛はこべ」と名づけられた。ハコベはめしべの花柱が3裂するのに対して、ウシハコベでは5裂する事により見分けられる。葉は対生し、卵形から広卵形で、両面とも無毛である。花弁は5枚だが、それぞれが深く裂けて10枚のように見える。果実は卵形で、熟すと5裂する。

ナデシコ科

オオヤマハコベ / Stellaria monosperma var. japonica

多年草／0.4〜1.2m／花期：8〜10月、白色の花

分　布：本州（岩手以南）、四国、九州
生育地：山地の林床

　高島市内では、山地の湿り気の多い林内や谷沿いに生育するがやや稀。日本特産種の植物である。茎はやや直立し、1列に毛が並び、上部はよく分枝する。葉は対生し、長楕円形で、短い柄があり、毛は少ない。縁は全縁で波打つ。8〜10月に、茎の上部の葉腋から柄を出して、集散花序に白色の花がつく。花弁は5個あり、2中裂する。萼片は柔らかく、披針形で、外面に腺毛があり、花弁より長い。蒴果は裂開せず、円形で平滑な種子が1個できる。

ナデシコ科

ハコベ/Stellaria media

2年草／10〜20cm／花期：3〜9月、白色の花

分　布：北海道〜九州
生育地：平地の路傍、畑地

　高島市内では、平地から山地の路傍や草地に普通に生育する。春の七草としてよく知られている植物である。非常に強い雑草ではあるが、花や姿はかわいらしい。属名のStellariaは星を意味し、5枚の花弁を星形につける。古名のハコベラが転訛してハコベとなった。茎が長く連なり、ハビコルや、ハコボル（歯覆）、ハコラメ（葉細群）など、ハコベラの由来は諸説ある。かつては小鳥やニワトリの餌にされた事から、スズメグサ、ヒヨコグサの別名もあり、英語でも「チックウィード」（ひよこの草）と呼ばれる。朝日が昇ると花が開く事から、ヒノデソウ（日出草）、アサシラゲの名もある。青々として柔らかい草はビタミンBを豊富に含み食用になる。利尿、鎮痛、催乳の薬効もあり、「はこべ塩」は古来、歯の痛みに効くとして利用された。茎は下部から枝を分けて広がり、片側に短い軟毛がある。集散花序に多数の白色の小花がつく。

ナデシコ科

ミヤマハコベ/Stellaria sessiliflora

多年草／10～35㎝／花期：5～7月、白色の花

分　布：北海道～九州
生育地：山間の谷すじ、川辺

　高島市内では、山地の林内や林縁部に普通に生育する。和名は、深山にはえるハコベの意である。日本各地の山地の林床などに生える。植物全体がやわらかく、茎は株状で斜上するが、のちに下部は地面を這う。片側に軟毛がある。葉は対生し、卵形から心円形で、長さ4㎝。葉柄の長さは1～4㎝である。葉の表面にはわずかに毛があり、基部と葉柄に長い軟毛がある。花は葉腋に単生する。軟毛のある萼片は5個で鋭く尖り、花弁は5個、2深裂し、萼より長い。雄しべは10個ある。果実は、球形の蒴果で、6裂する。腎円形の細かな種子は、黒褐色で点状突起がある。

ナデシコ科

フランネルソウ（スイセンノウ） /Lychnis coronaria
多年草／45～60㎝／花期：5～9月、明るい紫紅色の花

南ヨーロッパ原産の外来植物
生育地：平地の路傍、人家周辺の草地

　高島市内では、人家周辺の荒地や道ばたに生育するがやや稀。別名をスイセンソウといい、南ヨーロッパ原産の外来植物である。明るい花の色と、全株の白毛が美しく、向陽乾燥地の園芸植物として好適である。シルバーボーダーやコテージ庭園に良い。

　1つの株は長命ではないが、数年は続けて開花する。全株に白い毛を密生して美しい。春播きでは年内開花せず、秋播きでは播種が遅いと花が開かない。寒地では初夏までに播く。学名 Lychnis は、ギリシャ語の lychnos（灯火）に因るが、古代に葉の綿毛を灯心に用いた事によるといわれている。葉は対生し、形は楕円形から長楕円形で銀灰色をしている。

ナデシコ科

ムシトリナデシコ / Silene armeria
1年草または2年草／30〜80cm／花期：5〜7月、紅、薄紅、白色の花

ヨーロッパ原産の外来植物
生育地：河原、荒地

　高島市内では、河原や荒地に普通に生育する。ムシトリナデシコの和名は、茎の上部の節の間に、褐色の粘液を分泌する部分があり、昆虫を捕らえる（虫取り）ものと想像され名づけられたが、食虫植物ではない。別名のハエトリナデシコは、英名のSweet William catchflyによる。また、コマチソウ（小町草）の別名もあるが、可憐な花を小町娘に見立てたものである。江戸時代末期にオランダから渡来した外来植物で、観賞用として庭園などに植えられたものから野生化した。後に新たな品種も作られ、いくつかの花がかたまって咲く玉咲系が主流となっている。全草粉白色を帯び葉は対生し、基部が茎を抱くようにつく。蒴果は長楕円形をし、先に6歯を持つ。

アカザ科

アカザ /Chenopodium centro9rubrum

1年草／0.6〜1.2m／花期：9〜10月、黄緑色の花

分　布：北海道〜九州
生育地：荒地、原野

　高島市内では、荒地から農耕地周辺部を中心にやや普通に生育する在来の植物である。粗末な料理を指す言葉として「アカザのあつもの」と言う言葉があるが、ビタミン類が豊富で栄養価に富んだ野菜として、また、救荒植物として、昔はよく利用されてきた。同じアカザ科で西アジア原産のほうれん草が普及するまでは、栽培されていた。放置されると、アカザや近縁のシロザが繁茂し、畑一面を覆ってしまうことがあるが、いずれも乾燥に強く成長の早い植物である。和名は若い茎や葉が赤いことによるが、アカジャ、アカソ、アカメなど赤いことを意味した別名を持つ。古くは中国からもたらされたとする説もある。同じ仲間のシロザは、木化した茎を乾燥させ杖として利用することは、古くからおこなわれてきた。

ヒユ科

ヒカゲイノコズチ（イノコズチ）/Achyranthes bidentata

多年草／0.5～1m／花期：8～9月

分　布：本州、四国、九州
生育地：平地・山地の木陰

　高島市内では、路傍、林縁などに普通に生育する。秋になると刺のある実は穂から離れやすくなり、衣類につくことから、ひっつきむしと呼ばれ植物の1つである。和名の由来は諸説あり、茎の節が太く膨らんだ所をイノシシのひざ頭に見立てたものや、「猪の髻」から来たものなどがあるが、「うまのひざ」「こまのひざ」と茎の様子からとらえた俗名も多い。キツネノシラミ、イヌノハリ、ドロボウグサの俗名もあるが、いずれも、実の様子をとらえたものである。イノコズチはヒカゲイノコズチとも呼ばれ、ヒナタイノコズチに対した呼び名。日陰や日陰となる場所を好み、ヒナタイノコズチに比べ、葉の質は薄く大きく、毛が少ないことなどから区別する。根には一種のサポニンやカリウムなどを含み、利尿、浄血薬、脚気などの薬とされる。

ヒユ科

ヒナタイノコヅチ /Achyranthes bidentata var.tomentosa

多年草／0.5〜1m／花期：8〜9月

分　布：本州、四国、九州
生育地：平地、市街地

　高島市内の路傍や土手、石垣、林縁部などに普通に生育する。ヒカゲイノコヅチに比べ毛の多いことから区別できるが、葉の縁が波打つことも多い。また、穂状の花は、ヒカゲイノコヅチに比べると、短く密となる。ヒカゲイノコヅチ同様、動物などに付着して分布広げる動物散布型の実をつける。イノコヅチの中では、やや珍しいヤナギイノコヅチが安曇川、石田川などの河辺林内に自生する。滋賀県版レッドデータブックでその他重要種として取り扱われる。名前の通り、葉は細長く毛はない。もともと多くない植物であるが、生育環境の減少により、高島市内でも余り見かけなくなった。

ヒユ科

イヌビユ / Amaranthus lividus
1年草／約70cm／花期：7〜9月

分　布：本州、四国、九州
生育地：畑地、市街地

　高島市内では、路傍、畑地、荒地などにやや普通に生育する。ヒユ科ヒユ属の植物は、熱帯アメリカや世界の熱帯・温帯地域を中心に、約50種が分布する。その多くは、農耕地や市街地の雑草となり、日本にも10数種が生育している。ほとんどは外来種で、イヌビユも、外来種説があり、地中海原産とも言われる。草丈は40〜60cmで、葉は丸みがあり、先端がへこむ。よく似たホナガイヌビユは、少し大型で葉の先端は小さくくぼむ程度。最近は、高島市でもホナガイヌビユの方をよく目にする。ヒユ属には食用とされるものが多く、イヌビユも、食用・飼料として使われた。最近増えてきた同じ仲間のハリビユは、牧草地の害草として嫌われる。高島市では、今のところ見かけないが、滋賀県東部に生育し、今後増えるくることが予想される。

モクレン科

ホオノキ /Magnolia obovata

落葉高木／20～30m／花期：5～6月、乳白色の花

分　布：北海道～九州
生育地：山地、渓谷沿いの斜面

　高島市内では、山地の林内に普通に生育する。カシワの葉と同様に、古くからその大きな葉で食物を盛ったり包んだりした。高島市では、「ホウノキ」と呼ばれ、単に「ホウ」ともいわれる。葉は日本産の広葉樹の中では最大級で、白味がかった裏面が少しの風でゆれ、遠くからでもよく目立つ。弱い光の中でも成長が早く、成長後は大きな葉で光をいっぱい受ける。花は中央の花軸（花床）に、外側から花被、雄しべ、雌しべがらせん状についている。このような花のつくりは最も原始的な配列と考えられている。花が開いて1日目には雄しべが開き、2日目は雌しべが閉じて、雄しべが花粉を出し、3日目には散ってしまう。果実は袋果の集まった集合果で、熟すと袋果が裂け、赤い仮種皮でおおわれた種子がのぞく。更に熟すと、種子は白い糸の先に吊り下げられる。

ネーチャーズ・アイ
nature's eye

高島市のくらしとホオノキ

万葉集に「ほほかしは」「ほほがしわ」の名がみられ、食器や料理の道具以外にも、大きな葉をかざして日傘の代用にしたり、野外で腰をおろして酒をくみ交わすために葉を地面に敷いていた情景がみられる。ホオノキの葉を田植えの時に使っていたのは全国的で、高島市内でも地域によって差はあるが伝わっている。

田植えとホオノキ

サワラビといわれる田植えの初めの日の行事や田植えが終わった日にはホオノキを供える伝承が伝えられている。荒川では、サワラビにホオノキの葉の上にワラビ、山椒の葉、味噌をのせて囲炉裏のアマに供え、地子原や生杉ではホオノキの葉の上にきな粉をまぶしたご飯とワラビ、山椒の葉を味噌あえにしたものを神仏に供える。大野では、田植えが終わった時に、ホオノキの葉の上に赤飯とワラビをのせて神仏に供える。

ホオノキは儀式の時以外にも用い、田んぼ仕事の間食をホオノキの葉で包んでいたといわれる。ホオノキの葉を使った食物としては、全国的に飛騨高山の朴葉味噌が有名であるが、朴葉寿司、朴葉もち、朴葉にぎりなどにも使われている。

よそいきの下駄はホオノキで作った

ホオノキの幹や枝の樹皮は乾燥させて「和厚朴(わこうぼく)」といわれる漢方薬として知られる。筋弛緩、健胃、消化、整腸、去痰、利尿薬としての効果がある。さらに、ホオノキの材は軟らかく、木目が細かく全体に均質で綿密であり、乾燥しても反らないという特質があることから、漆器、木地、道具の柄、製図版や度衡器、定規、建築材として重宝がられていた。

朽木では冬の暇な時期に手作りの下駄をホオノキで作っていたが、この下駄は普段履きではなく、よそいきの下駄であったといわれている。

また、ホオノキで作った炭は均質であるので、金や銀、漆器などの高級品を磨くのに使われている。

ホオノキ

モクレン科

コブシ／Magnolia praecocissima

落葉高木／約15m／花期：4月

分　布：北海道～九州
生育地：山地、低地

　高島市内では、平地から山地に生育するがやや稀。モクレン科の植物は、まだ花が少ない早春から、春の花が満開となる晩春にかけて大きな花をつけるものが多い。コブシは、早春の山に春を告げる花として、人々に親しまれている。高島市内では、沖積低地の平地林や河辺林に多く、山地の尾根や急な斜面には少ない。このような立地には、同じ仲間のタムシバが生育し、両種はよく混同される。早春、山腹が雪化粧したように白く見える程の花をつける年があるが、タムシバの花である。タムシバはニオイコブシとも呼ばれ、枝葉や花びらに良い香りがり、コブシにはそのような匂いはない。また、開花した花の下に小さな葉が出ること、葉の形が倒卵形であることなどで区別できる。高島では、コブシもタムシバもともにコブシと呼ばれる。

モクレン科

タムシバ／Magnolia salicifolia
落葉小高木または高木／5〜10m／花期：4〜5月、白色の花

分　布：本州、四国、九州
生育地：山地

　高島市内では、山地の林内に普通に生育する。和名は、「噛む柴」がなまったものといわれる。春に大きな花を、葉を開く前の枝先に咲かせ、遠くからもよく目立つ。花、葉、枝が放つ香りから「ニオイコブシ」といい、また枝や、葉を噛むと甘い事から「サトウシバ」ともいう。つぼみを乾かしたものは、漢方で「辛夷（シンイ）」と呼ばれ、鎮痛、鎮静作用があるといわれている（コブシのつぼみもシンイといわれている）。花を遠目で見た場合、同じ仲間のコブシと混同される事が多いが、コブシには花の下に小さな葉が1枚出ているのに対し、タムシバには花の下に葉がつかない事で区別できる。タムシバは日本海側に、コブシは太平洋側に多いといわれるが、異説を唱える人もいる。高島市ではタムシバが多く、コブシは少ない。また、コブシに関して、いくつかの言い伝えがあり、その1つにコブシの花が多い年は豊作になるというものがある。また「思子淵信仰」との関係による、筏流しの際の竿として竹のかわりにコブシを用いた話などもある。

シキミ科

シキミ／Illicium anisatum

常緑低木〜小高木／2〜5m／花期：3〜4月、黄白色の花

分　布：本州（宮城以南）、四国、九州
生育地：山地の林床

　高島市内では、平地の常緑広葉樹林内に生育するが、少ない。和名は果実が猛毒であるために「悪しき実」が転じたといわれる。果実だけでなく全草にアニサチンというけいれん毒やシキミン、イリシンなどを含んでいる。誤食によって中毒症状をおこし、死亡例もあるといわれる。枝葉を仏前や墓前に供える身近な植物で、葉や樹皮には香気があり、それを乾かして抹香や線香の原料にする。墓前にシキミを供える起源としては、抹香などとの関連でシキミ自体の香りで仏を慰めるためという説や、シキミの毒性を利用して獣から供物を守るためという説、葉の香気で死臭を消すためという説などがある。春に咲く花は淡いクリーム色で、1つずつでは目立たないが、木一面に咲くと美しい。かぼちゃのような形の果実が秋に熟し、橙色の種子をはじく時には音をたてる。高島市では「シキビ」と呼び、盆にミソハギ（オショライバナと呼ばれる）と合わせて、墓に供える。

85

クスノキ科

カナクギノキ／Lindera erythrocarpa
落葉高木／約10m／花期：4～5月、黄緑色の花

分　布：本州（静岡，長野以西）、四国、九州
生育地：山地

　高島市内では、山地の二次林や落葉広葉樹林内に普通に生育する。和名の由来は、成木の樹皮が黄白色を帯び、薄い小片となってはがれ、その模様から「鹿の子木」となり、それが訛ったという説がある。また、カナクギという響きとは裏腹に、簡単に折れる枝を地面に並べると「金釘」流の文字ができる。他のクロモジ属の植物と同様に、秋の黄葉は美しく、材は楊子や器具材として利用される。幹はかなり太くなり、直立分枝する。若枝は細く、なめらか。葉は若木などの長い枝では互生し、成木では枝先に集まってつく。葉身は倒披針形で、ヤナギの葉に似る。全縁で、下面は白っぽく、葉脈が隆起している。前年に伸びた枝の先に、葉の展開と同時に、葉腋から花序を開く。雌雄異株で、雄花序には8～20個の、雌花序には8～13個の花をつける。花被片（萼）は6裂し、雄花では長さ約3㎜、雌花では小さい。液果は球形で赤く熟す。高島市ではヌカガラという。

クスノキ科

ダンコウバイ /Lindera obtusiloba
落葉大低木〜小高木／3〜6m／花期：3〜4月、黄色の花

分　布：本州（関東地方、新潟以西）、四国、九州
生育地：山地

　高島市内では、平地から山地の落葉広葉樹林内や林縁部に普通に生育する。和名は「壇香梅」で、枝を折ると白檀のような香りがし、梅に似た花を咲かせる事による。材の芳香からクロモジと同じように楊子や細工物に使われる。葉の展開に先立って、香りの良い黄色い花をつける。別名のウコンバナは黄色い花が咲く事による。早春に花が咲くクスノキ科にはクロモジ、アブラチャンなど似たものが多いが、ダンコウバイは花の色が鮮やかで大きい。葉は枝につく位置によって形が異なる。枝の基部の葉は先が裂けないものが多く、枝先の葉の多くは浅く3裂する。ともに基部から別れる3脈が目立つ。また、透き通るように黄葉して秋を彩る。葉が開く前に、前年の葉のつけ根から出る短枝に1〜3個の花序をつける。花序は鱗状の総苞片の中から数個の小花が集まって出る。小さい花は黄色い花被片が6裂し雌雄異株である。雄花では雄しべが9個と退化した雌しべがあり、雌花では退化した雄しべ9個と雌しべが1個ある。雄株の花の方が大きく、数も多い。

87

クスノキ科

クロモジ / Lindera umbellata

落葉低木／2〜3m／花期：4〜5月、淡黄緑色の花

分　布：本州、四国、九州
生育地：山地の林内

　高島市内では、平地の丘陵地から山地の落葉広葉樹林内に普通に生育する。雑木林、ブナ林の下層で最も普通な低木の1つ。高木層の樹木が葉を開き始める頃、クロモジは鮮やかな緑色の若葉と淡い黄色の花を一気に開く。クロモジの枝は数年は緑色のままで、黒斑があり、これを黒文字と見立てたのが名の由来である。黒斑は樹皮のワックス層に寄生する一種のカビとされる。枝葉からはクロモジ油が得られ、かつては香料の原料とした。高島市では、材をかんじきの材料や祭礼の際の箸などに用いる。葉は倒卵状長楕円形で、先はあまり尖らない。側脈は5〜6対で2対目が特に長く3行脈的。葉裏は白っぽく、細脈は隆起せず目立たない。葉の表面は光沢がある。春早く開花するが、マンサクやダンコウバイよりは遅い。雌雄異株で、まず雄花が咲き、雌花が続く。果実は球形で5〜6㎜。夏頃から黒く熟し始める。

クスノキ科

シロダモ / Neolitsea sericea

常緑高木／10〜15m／花期：10〜11月、黄褐色の花

分　布：本州、四国、九州
生育地：山地、海岸近くの林床

　高島市内では、平地の社寺林や河辺林に普通に生育する。和名は白いタブノキ（別名タモノキ）の意味である。葉の裏が白く、晩秋に花が咲く。山では花の少ない時期なので出会うとうれしい。赤い果実も一緒についている。果実は去年の秋に咲いた花が1年かかって熟したもの。種子からは油が採れ、ロウソク材料や燈用に用いた。なお、雌雄異株なので果実ができるのは雌株。花被は4片に深く裂け密毛がある。雌花はまばらなかたまりなのに対し、雄花は密にかたまってついている。花の時期にはすでに、茎の先端に長楕円形の細長くて大きな冬芽ができている。春に伸びる若葉は銀黄色の絹毛でおおわれ、長い葉柄があって下向きに垂れ下がるのが特徴。葉は生長すると表面は無毛となり、下面は灰白色で多少絹毛が残る。葉の寿命は長く、数年は残っているようだ。

クスノキ科

アブラチャン /Lindera praecox
落葉小高木／4〜6m／花期：4月、緑黄色の花

分　布：本州、四国、九州
生育地：湿った山腹、谷筋

　高島市内では、平地から山地の雑木林に普通に生育する。種子は油をたくさん含み、かつてはこれから燈油を採ったことでアブラチャン（油瀝青）と呼ばれる。チャン（瀝青）はタールである。また、チャンはチシャ（エゴノキ）、つまり油を採るチシャという説もある。根もとから数十本もの幹が叢生し、樹皮は赤みがかった褐色で、皮目が多い。小枝は細く、冬芽も細くて先が尖り、ダンコウバイやクロモジに比べて明らかに小さい。葉は互生し無毛。卵状楕円形で先は尖り、葉の裏は白っぽい。葉柄は細くて赤みを帯び、長さは1〜2cmあってごく短い葉柄のヤマコウバシとの区別点になる。新葉が出る前に、緑黄色の小さな花が数個ずつかたまって咲く。果実は球形で直径約1.5cm。晩秋、果皮が乾いて不規則に裂け、中から褐色の丸い種子がぽろりと地面に落ちる。

クスノキ科

シロモジ／Lindera triloba
落葉小高木／4〜6m／花期：4月、黄色の花

分　布：本州（中部以西）、四国、九州
生育地：山地

　高島市内では、平地から山地の落葉広葉樹林内に普通で植林地内にも多い。雌雄異株。幹は叢生し、枝は細く、今年の枝には秋になっても皮目が現れない。頂芽はない。冬芽は細い紡錘形で先が尖り、瓦重ね状の紅色の鱗片に包まれる。葉は3角状広倒卵形で3中裂。長さ6〜13cm。葉の表面は無毛。裏面も無毛で粉白色。花は葉に先立って開き、3〜5個の花が散形につく。小花柄は長さ3〜4mmで密に毛がある。花被片は黄色、雄花では長さ3mmほど。雌花は雄花よりさらに小さく花の数も少ない。果実は球形で、直径10〜12mm。9〜10月頃、乾燥して黄褐色になり、不規則に幾片かに割れて1個の種子を落とす。この種子油は白文字油といって燈油にする。材はアブラチャンと同じく強靱なので杖にする。「ツエギ」と呼ぶ地方もある。

91

ヤマグルマ科

ヤマグルマ / Trochodendron aralioides

常緑高木／10〜20m／花期：5月、淡黄色の花

分　布：本州、四国、九州、沖縄
生育地：山地の斜面、岩場

　高島市内では、山地の岩場や渓谷林などに生育するがやや稀。1属1種で、日本を含めた東アジア特産の樹木。材の構造が裸子植物的で、原始的被子植物の1つとされている。名は、枝先の葉のつき方が車輪状である事からつけられた。また、樹皮から採ったのりを鳥もちとして利用したので、トリモチノキの別名もある。幹はまっすぐに立ち、樹皮は黄褐色でなめらか。岩場や樹上などでよく生育し、根を長く伸ばすものもある。葉は倒卵形で先は尖り、上部に波状の鋸歯がある。葉は厚く表面は光沢がある。花は花弁も萼片もなく、淡黄色の雄しべが多数ある。普通は両性花で、10〜20個の花が総状に枝先につく。果実はシキミに似た扁平な球形の袋果で、雌しべの花柱が突起状に残っている。

フサザクラ科

フサザクラ /Euptelea polyandra

落葉高木／約20m／花期：3～5月

分　布：本州、四国、九州
生育地：路傍、崩壊地、川沿い

　高島市内では、山地の渓谷沿いにやや普通に生育する。サクラと名がつくがサクラの仲間ではなく、フサザクラ科、フサザクラ属に属し、世界に3種類ある中の1つが、日本のフサザクラである。谷沿いや、その周辺に生育するが、どこも最近は川の縁まで植林が進み、自然林の残る渓谷が少なくなった。高島市内は比較的自然な渓谷が残り、朽木などでは普通に見られる植物である。また、パイオニア的な性質が強く、川沿いの崩壊地などにはいち早く侵入する。3月から4月の初め、赤く色づいた新芽のような花を枝いっぱいに咲かせる。赤くみえるのは垂れ下がった雄しべで、花びらやがくは見当たらない。秋には、多数の翼果ができ、風に飛ばされる。名前は、木の肌がサクラに似ていることからつけられた。また、葉がクワの葉に似ていることから、タニグワなどの別名もある。

カツラ科

カツラ / Cercidiphyllum japonicum
落葉高木／20〜30m／花期：4月、紅色の花

分　布：北海道〜九州
生育地：山地の谷沿

　高島市内では、山地の渓流沿いに生育するがやや稀。時として大樹が見られる。秋の黄葉の頃、カツラの木の近くを通ると、綿菓子のような甘い香りがする。カツラは「香出」の意味だとされるゆえんである。溜まり水ではなく動いている水を好む木なので、山の谷沿いを歩くとよく大木に出会う。萌芽しやすい性質で、株立ちになっている事が多い。幹は灰褐色で、縦に浅い裂け目ができる。1年生の枝は暗紅色で、葉は普通対生する。葉柄と若葉も赤みを帯びる。葉の形はハート形。細かい鋸歯があり、葉の裏は粉白色。葉に先だって花が咲き、雄花も雌花も花被（萼片、花弁）がない。雄しべはたくさんあり、やくは紅色。雌しべの柱頭も紅色で、3〜5個がまとまってつき、それぞれの雌しべが1個の花を代表しているとされる。果実は袋状で、中に翼のある黒紫色の種子が多数詰まっている。写真は、朽木指月谷の上流にあるカツラの大樹。

増えてきた外来植物

　外来植物とは、外国との交流の中で、日本に持ち込まれ、定着した植物のことである。有史以前にも、農耕などの伝来とともに、農耕作物に混じって様々な植物が持ち込まれ、日本に帰化した。そして、江戸時代末期から諸外国との交流が増加すると、さらに外来植物も増えた。江戸時代末期以降日本に入ってきた植物は、急速に全国に広がっていた。

　高島市には、今のところ150種あまりの外来植物が知られている。人家周辺や路傍、河原、牧場などの周辺に生育するが、他の地域からみると、まだまだ少ない数である。山間地にあって、物や人の交流が比較的少なく、また、しっかりとした本来の自然が維持されてきたことなどが外来植物の急激な増加を押さえてきたのだろう。

　しかし、周辺地域には多くの外来植物が生育していることなどもあり、安曇川の河原や荒れ地、道路沿いなどで、今後外来植物の数は確実に増えていきそうである。

タカサゴユリ

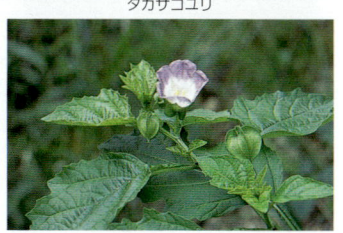

マツバウンラン

オオセンナリ

ウスベニチチコグサ

キンポウゲ科

ニリンソウ／Anemone flaccida

多年草／15～30cm／花期：3～5月、白色の花

分　布：北海道～九州
生育地：平地、山地

　高島市内では、山地の林内や渓流沿いの氾濫原などに普通に生育する。代表的な早春植物の1つで、茎や葉の地上部は早春に現れ初夏には枯れる。和名は、普通、花を2個つける事から名づけられたが、実際は1～4個と個体差がある。花びらに見えるのは萼片の変化したもので白色、裏面は時に紅色を帯びる。双子葉植物であるにもかかわらず子葉が1枚しか出ない。太い地下茎から長い柄のある葉を出す。葉は深く3～5裂し、さらに細かく裂ける。若い葉には白い斑紋がある。花後、細い毛のある楕円形の果実を球状につける。若葉は山菜として食用にされるが、有毒のトリカブトの葉と間違えやすいので注意が必要。

キンポウゲ科

イチリンソウ／Anemone nikoensis

多年草／20～30㎝／花期：4～5月、白色の花

分　布：本州、四国、九州
生育地：平地、山地

　高島市内では、平地の河辺林から山地の落葉広葉樹林内に生育しやや稀。ニリンソウと同じく早春植物の1つで、地上部は早春に現れ、初夏には枯れる。和名は花茎に花を1個つけるところから名づけられた。葉は根出葉と茎葉に分けられ、根出葉は1～2回3出複葉で、小葉はさらに羽状に深く切れ込む。花茎につく茎葉は3枚が輪生し3出複葉で小葉は羽状に裂ける。花びらに見える萼片は白色で裏面はふつう紅色を帯びる。花後、細毛のある痩果が球状に集まった黄白色の実ができる。ニリンソウと違って有毒植物である。

キンポウゲ科

キクザキイチゲ／Anemone pseudo-altaica
多年草／10～30cm／花期：3～5月、淡紫色～白色の花

分　布：北海道、本州（近畿以北）
生育地：平地、山地

　高島市内では、平地の河辺林から山地の落葉広葉樹林内に生育しやや稀。ニリンソウと同じく早春植物の1つ。和名は、長楕円形の花びら状の萼片のつく様子がキクの頭花に似ているため。葉には根出葉と茎葉があり、根出葉は2回3出複葉で小葉は卵形、浅く裂ける。茎葉は輪生状に3枚つき、それぞれが3裂する。花後、細毛のある卵形の瘦果を球状につけた実ができる。
　花の色は白色から紫色をしたものまである。

キンポウゲ科

ヒメウズ / Semiaquilegia adoxoides

多年草／10〜30cm／花期：3〜5月、白色に紅色を帯びた花

分　布：本州（関東以西）〜九州
生育地：平地の山すそ、道ばた

　高島市内では、市街地から山地の路傍、田畑の畦、石垣の間、平地林の林縁部などに普通に生育する。キンポウゲ科の植物で、1属1種で日本、朝鮮南部、中国にも分布する。うつむき加減に咲く花は小さく目立たないが、よく見るとオダマキに似た、整った姿をしている。トリカブトのことを烏頭と言い、烏頭に似ていて小さいことから姫烏頭と名づけられた。別名をトンボソウといい、昔、子どもたちがトンボつりに用いたことによる。根には小さな塊茎があり、晩春には地上部はかれていく。そして、春〜早春にかけて根生葉がのび、4月中旬頃、10〜30cm程に伸びた茎の先に花を咲かせる。

キンポウゲ科

リュウキンカ /Caltha palustris var. nipponica
多年草／15～50cm／花期：5月、黄色の花

分　布：本州、九州
生育地：渓流沿い、水辺

　高島市内では、山地の渓流沿いに生育するが稀で、生育場所も限られ個体数も非常に少ない。滋賀県周辺の分布は限られ、福井県夜叉が池、京都府芦生演習林に自生地が知られている。早春に咲く植物で、山にまだ雪が残る頃、山の湿地や谷沿いに黄色い花を咲かせる。花弁のように見えるのは萼片で、普通5弁よりなる。花は茎頂または茎葉の腋より1つずつ咲かせる。和名の「立金花」は立ち上がった茎の先に金色の花をつけるところから名づけられた。高島市の生育地は特定植物群落に指定され、周辺にはチョウジギク、タヌキラン、ニッコウキスゲなどが生育する。

キンポウゲ科

サラシナショウマ /Cimicifuga simplex

多年草／0.4〜1.5m／花期：8〜10月、白色の花

分　布：北海道〜九州
生育地：低山から高山までの林縁、草原

　高島市内では、山地の林床の生育するがやや稀。スギの植林地などの薄暗い森にも生育する。長い円柱状の花序に、たくさんの小さい花をつける。花は花びら状の萼片と小さな花弁があり、これらは開花後すぐに落ち、多数の白い雄しべが目立つようになると昆虫を引き寄せる。葉は2〜3回3出複葉で小葉は卵形、不揃いの大きな鋸歯を持つ。根出葉や下部の茎葉は大型となる。秋遅く、かぎ状に曲がった雌しべの先を残した実ができる。和名は「晒菜升麻」の意で若葉をゆで水にさらして食用とするところからつけられた。漢方では地下にある根茎を「升麻」とよんで解熱、鎮痛鎮静薬として用いる。

キンポウゲ科

ルイヨウショウマ／Actaea asiatica
多年草／40〜70cm／花期：5〜6月、白色の花

分　布：北海道〜九州
生育地：山地の林床

　高島市内では、山地に生育するが稀で、生育場所も限られ個体数も非常に少ない。山地の薄暗い木陰に生える事が多く目立たない。滋賀県内での確認例も少ない。茎葉は2〜3枚で、2回または3回3出複葉で先端は尖る。小さな花が多数集まった短い総状花序の花をつけ、花弁は長さ約3mmで萼片は早く落ちる。球形をした液果は熟して黒くなる。和名は、葉がショウマ（サラシナショウマ）に似ていることから、「類葉ショウマ」と名づけられた。

キンポウゲ科

ボタンヅル/Clematis apiifolia

つる性落葉木／花期：8〜9月、乳白色の花

分　布：本州、四国、九州
生育地：日当たりの良い山野、路傍

　高島市内では、平地の林縁部、草地、河辺林の縁などに普通に生育する。ボタンヅルの名前は、小葉を3つつけ、ボタンの葉に似ている事と、茎がつる性である事に由来する。夏に葉腋から集散花序を出し、多数の白い花を咲かせるが、花の盛りだけでなく、気品のある草姿や、落葉も見応えがある。秋の茶席では、風雅なたたずまいを演出してくれる花材である。センニンソウに似るが、ボタンヅルは、葉が薄手で、小葉に鋸歯がある事から見分けられる。漢名は「女萎」で、古来より薬草として用いられてきた。花の後、11月頃結実する。雌しべの花柱が枯れずに長い羽毛状になり、風に乗って散る。

キンポウゲ科

ハンショウヅル /Clematis japonica
つる性落葉木／花期：5～6月、紅紫色の花

分　布：本州、九州
生育地：林縁、山地

　高島市内では、山地の林内から林縁に生育するがやや稀。林縁の木にからまって生育するつる性の植物で、つるは木質化して暗紫色を帯びる。葉は長い柄をもつ3出複葉で、小葉は卵形で粗い鋸歯がある。「半鐘蔓」の名の通り、初夏には、半鐘に似た形の花が、新枝の腋から出た花柄の先に1つずつぶら下がる。4枚の花弁のように見えるのは萼片で、縁に白毛が密生する。わびた風雅な花をつける事から、茶花などにも利用される。花の後、長く羽状に伸びた花柱をもつ痩果をつける。

104

キンポウゲ科

センニンソウ /Clematis terniflora

半低木／花期：8〜9月、白色の花

分　布：北海道南部〜九州・琉球
生育地：平地・山地の道ばたや林縁

　高島市内では、道ばたや平地林の縁、棚田の石垣などに普通に生育する。キンポウゲ科センニンソウ属の木性つる植物で、世界に300種程が生育する。これらの仲間には、クレマチス（テッセンの仲間）など、園芸種として改良されたものも多く、華麗な植物群の1つである。初夏、急速にツルを伸ばし、夏の盛りには低い木を覆うように白い花をさかせる。遠目にも良く目立つ光景である。花のように見えるのは萼で、花弁はない。同じ時期にボタンヅルも花を咲かせるが、こちらは葉に鋸歯があり光沢がなく、花も少し小さめであることで区別できる。有毒植物であるが、民間療法では、扁桃腺を直す薬として利用されるほか、近縁種には利尿、鎮痛の薬とするものもある。和名は、仙人草だが意味は不明。タカタデの別名もある。

> キンポウゲ科

オウレン /Coptis japonica

多年草／約10cm／花期：3〜4月、白色の花

分　布：北海道、本州、四国
生育地：山地の林床

　高島市内では、平地から山地の林内に普通に生育し個体数も多く、時に群生する。オウレンの根は漢方で「黄連」と呼ばれ、ベルベリンという苦味成分を含み、健胃整腸薬などに用いられる。現在でも日本の輸出薬草の1つとなっている。黄連の名は、地下に太い根茎が連なり、鮮やかな黄色である事に由来する。最近では、自生種がほとんどなくなり、半野生の状態で針葉樹林下で栽培されている。5月に採種し、乾燥しないように追熟させ、12月頃に蒔く。生薬に仕上げるための根焼きの作業は「黄連焼き」と呼ばれ、冬の風物詩になっている。複葉の形により3つの変種がある。1回3出複葉のものをキクバオウレンといい、日本海側に分布する。2回3出複葉のものはセリバオウレンといわれ、本州中央山地に分布し、3回3出複葉のコセリバオウレンは太平洋側に分布する。袋果に柄があり、先端上部は開いているが、熟して割れたのではなく、花のときから雌しべのこの部分は閉じていない。

キンポウゲ科

バイカオウレン／Coptis quinquefolia
多年草／4〜15cm／花期：1〜4月、白色の花

分　布：本州（福島以南）、四国
生育地：山地の林床、林縁

　高島市内では、山地の落葉広葉樹林内に生育し、やや普通。時に群生する。バイカオウレンは「梅花黄連」と書き、梅と同じ頃によく似た花を咲かせる事から名づけられた。別名の「五加葉黄連」は、葉が5つに分かれ、五加（ウコギ）と似ている事による。白色で浅い杯状の花は、他のオウレン類と比べて大きいので鑑賞用に栽培される事が多い。花弁状の萼片の幅が広いのも特徴の1つである。八ヶ岳にあるオウレン小屋の名は、このバイカオウレンが多い所からきている。根茎が細長く横に伸び、匍匐枝を出して繁殖する。5枚の小葉からなる根生葉は鳥足状複葉で、やや厚く光沢がある。基部はくさび形で、縁に鋭い鋸歯がある。早春に根生葉から直立した花茎を出し、上向きの花を先端に1個つける。

107

キンポウゲ科

サンインシロカネソウ / Dichocarpum ohwianum

多年草／10～25cm／花期：5月、黄緑色の花

分　布：本州（福井から島根までの日本海側）
生育地：山地の渓流沿い

　高島市内では、北部から朽木の渓流沿いに生育するがやや稀。サンインシロカネソウの仲間は日本に7種ほどある。いずれも春先に開花する小型の植物で、温帯林の林床や谷沿いに生育する。限られた地域に生育するものが多く、レッドデータリストに掲載される種も多く含まれる。日本海側にはアズマシロカネソウが、秋田県から福井県まで分布し、福井県よりも西ではサンインシロカネソウに置き換わる。シロカネソウは「白銀草」と書き、花が白く茎や葉が澄んだ緑色である事から名づけられたという。

キンポウゲ科

キバナサバノオ/Dichocarpum pterigionocaudatum

多年草／20〜30cm／花期：4〜5月、緑黄色の花

分　布：本州（滋賀、岡山、兵庫、京都）
生育地：山地の渓谷沿、林縁

　高島市内では、山地の渓流沿いに生育するが非常に稀で、生育地も限られ、個体数も少ない。岡山県、兵庫県、京都府、滋賀県（高島市）にのみ生育する。滋賀県版レッドデータブックでは絶滅危惧種。長く高島市での分布がわからなくなっていたが、1990年代に再確認された。未成熟な状態で落下した種子は乾燥に弱く、渓流沿いのやや湿り気の多い所に生育する。花は、直径1cm程度で黄緑色。花は、伸びた花茎の先に数個つく。名前は、花の色と、2個の雌しべが果実になった時水平に開き、サバの尾のようになる所から名づけられた。高島市では、同じなかまのサンインシロカネソウのほうが、たくさん生育する。環境省のレッドデータリストにも掲載される。全国的稀少種。

キンポウゲ科

ウマノアシガタ /Ranunculus japonicus

多年草／30〜60㎝／花期：4〜6月、黄色い花

分　布：北海道（南西部）〜九州
生育地：田の畔、路傍、草地

　高島市内では、平地の畔、道ばたなどに普通に生育する。和名は根出葉の形が馬の足に似ている事によるとされているが、実際は似ていないので本当はトリノアシガタで馬と鳥の字を見間違えたのではないかとされている。八重咲きの品種はキンポウゲ（金鳳花）といわれる。黄色の花が光沢を持ち、太陽の光で輝き、黄金の鳳凰を想像させる。この花の輝きにひかれて昆虫が集まり、受粉を助ける。学名のRanunculusはラテン語で小さなカエルの意味があり、この属の多くの種が水湿地を好む事による。茎は直立し中空で、中部から下部に立ち上がった長い毛がある。上部はよく分枝する。葉の両面には伏毛があり、縁には不揃いの鋸歯がある。果実は集合果で球形をしている。

> キンポウゲ科

キツネノボタン /Ranunculus silerifolius

多年草／30～50cm／花期：4～7月、黄色い花

分　布：北海道～九州
生育地：平地の草地

　高島市内では、平地の道ばたや農耕地周辺に普通に見られる。和名の由来は、葉の形がボタンに似ていて、キツネのすむような原野に生えている事による。オオセリ（大芹）、ウマセリ（馬芹）、イタチノアシ（鼬の足）など多くの別名があり、大変親しまれている草である。セリやヨモギに似るが、キツネノボタンは有毒で、誤って食べると、腹痛、下痢、嘔吐を起こす。また、花や花の汁にはアネモニンという物質が含まれていて、皮膚につくと炎症を起こす事もある。古くは果実を殺虫剤に用いたという。立派な葉に比べて控えめな花は、茶花や山草、生け花に好んで用いられる。葉は3つの小葉に分かれ、さらに3つに深く裂ける。両面に伏毛がある。果実は、楕円形の痩果が集まり、球形で金平糖状の集合果になる。

キンポウゲ科

キタヤマブシ / Aconitum japonicum var. eizanense

多年草／0.8〜1.5m／花期：7〜9月、青紫色の花

分　布：**本州（近畿）**
生育地：**山地の林床、林縁**

　高島市内では、山地の川沿いや林縁に生育するが少ない。オクトリカブトの変種で、茎が曲がり、その先に多数の花をつける。葉は3〜5裂し、縁には欠刻状鋸歯がある。花柄には曲がった毛があり雄しべには毛がない。滋賀県には、キタヤマブシの直立型と考えられているイブキトリカブトも分布する。トリカブトの仲間は世界に300種ほどあるが、変異が大きく分類の難しいグループである。また、地下には直立した根茎があり、全草が有毒で、特に地下にある根茎は毒性が強く矢毒として利用してきた所もある。一方、昔から、漢方としての利用も盛んで、重要な薬草である。和名は「北山附子」で、附子は「ぶし」、または、「ぶす」で、トリカブトの根の漢方での呼び名である。

キンポウゲ科

アキカラマツ／Thalictrum minus

多年草／0.5～1.5m／花期：7～9月、淡黄色の花

分　布：北海道～九州
生育地：平地・山地の草地

　高島市内では、平地から山地の草地や林縁部、堤防沿いなどに普通に生育する。カラマツソウの仲間は、草原から岩石地、平地から高山帯、暖地から寒帯まで、幅広く生育するグループで世界に100種ほどある。アキカラマツはごく普通な植物で、広く生育するが、変異は多く、無毛なものから、毛の多いものまである。和名は秋唐松で、秋に唐松の新芽のような花を咲かせることによる。夏から秋にかけて咲く花は、小さな花をたくさんつけ、大きな円錐花序となる。満開になったかと思うと、まなしに白いものが葉の上にたくさん落ちているのを良く見かけるが、花びらのように見えていたのは萼である。花弁が早落した後、雄しべと雌しべが残る。よく似たカラマツソウは山地性で、滋賀県内の伊吹山や余呉町で確認されているが、高島市では見つかっていない。

メギ科

メギ／Berberis thunbergii
落葉低木／1〜2m／花期：4〜6月、緑黄色の花

分　布：本州（関東以西）、四国、九州
生育地：山地、丘陵地、原野

　高島市内では、山地の林縁部に生育するがやや稀。よく分枝した枝に、葉の変形した刺が非常にたくさんある。メギの藪は全体が刺でできているようなものである。あまりの刺に小鳥がとまれず、コトリトマラズという別名がある。また、尖った刺を小刀にたとえて、鎧でも突き抜けるという事からヨロイドオシの別名もある。メギは漢字で「目木」、「目宜」と書く。目が充血したときに、メギの木や葉を煎じて洗眼に用いたといわれている。メギの幹で箸を作り、食事をすると目を病まないともいわれている。一皮剥ぐと、黄色い皮が現れるので、「小蘗」（小型のキハダ）という名もある。ミカン科のキハダ同様ベルベリンを含み、胃薬や、草木染の染料に用いられる。メギ属の植物ではあでやかな葉とその樹形、垂れ下がる小さな花、秋の見事な赤い実などから、庭木や公園樹として植えられる。萌芽力が強いので、刈り込んで円形、角形に仕立てられて、生け垣にも用いられる。

ルイヨウボタン /Caulophyllum robustum

メギ科

多年草／40〜70cm／花期：4〜6月、緑黄色の花

分　布：北海道〜九州
生育地：ブナ林の林床

　高島市内では、山地の林内や林縁部に生育するが稀。横にはった地下茎から茎が直立する。葉は2個が互生し、2〜3回3出複葉で、小葉は2〜3裂する。裏面は白色。和名は「類葉牡丹」で、葉がボタンの葉に似ているところからつけられた。花弁に見えるものは内側にある6枚の萼片で、本当の花弁は小さく蜜腺がある。花後、子房は脱落し、2個の胚珠だけが成長して青いむき出しの種子が並んでつく。

メギ科

サンカヨウ / Diphylleia grayi
多年草／30〜60㎝／花期：5〜7月、白色の花

分　布：北海道、本州
生育地：山地〜亜高山

　高島市内の山地に生育するが稀。北海道、本州（鳥取以北）の日本海側に多い植物で、県内では湖北（伊吹山）から高島市北部の三重ケ岳にかけて分布する。冷温帯から亜寒帯にかけて多い植物で、高島市内でもブナ帯の落葉広葉樹林に生育する。やや湿り気の多い所を好み、谷沿いで見られる。個体数も少なく、滋賀県版レッドデータリストでは、分布上重要種として扱われる。雪解けとともに芽吹き始め、大きな2枚の葉を広げる。葉の先から伸びた茎に、直径2㎝程の白い花を数個つける。時に群生し、花に時期は良く目立つ。花が終わると、直径1㎝程の藍色をした実ができる。酸っぱいが食べられる。名前は漢名の山荷葉による。北米にも分布し、英語名はアンブレラ・リーフ（傘の葉）と呼ばれる。

メギ科

トキワイカリソウ /Epimedium sempervirens

常緑の多年草／20～60cm／花期：4～5月、白色、紅紫色の花

分　布：本州（中部以西の日本海側）
生育地：山地の林床

　高島市内では、山地の日当たりのよい斜面や林縁に普通に生育する。和名の「イカリソウ」は、4枚の花びらの基部が距になっていて、船の錨に似ている事から名づけられた。「トキワ」は「常磐」の意で、常緑性の根出葉は冬にも枯れずに残る。冬の間は養分を蓄え、雪解けを待って一気にその養分で茎を伸ばし、花を咲かせる。近縁のイカリソウは冬に葉が枯れる。また、変種のオオイカリソウの花の色は紅紫色で、根茎が長く這う事がある。古くから強壮、滋養の薬草として知られ、薬草茶や薬草酒として飲用される。葉は、厚い膜質で光沢があり、裏面に生える毛が屈毛であるのが特徴である。縁には刺状の毛があり、花弁には長さ2cmほどの距がある。花の色は、北陸地方では白色、福井県以西では紅紫色の花が多い。

アケビ科

アケビ／Akebia quinata
つる性落葉木／花期：4〜5月、上部に淡黄色の雄花、下部に大型の紅紫色の雌花

分　布：本州、四国、九州
生育地：山野

　高島市内では、平地から山地の林縁部に普通に生育する。和名の由来はいろいろあり、その果実の色により赤い実のアケミ（朱実）、果実が熟して割れた様子からアケミ（開け実）、アケツビ（開けつび）、またそれがあくびのようにも見えるのでアクビ（欠伸）などの説がある。別名に、ヤマヒメ（山女）、乙女葛がある。秋の実が食用になるほか、果皮は乾燥させて保存し、料理に使われる。若芽は春の山菜として食用にされる。茎の木部には薬効があり、利尿薬、頭痛薬として用いられる。つるも丈夫で、アケビ細工として、籠、椅子などに編まれる。近年、観賞、園芸用にも植栽され、街中でも見られるようになった。葉は互生し、掌状複葉で、5枚の小葉は長楕円形をして先端が少しくぼむ。長さ5〜10cmの長楕円形の液果は、熟すと紫色を帯び、裂開する。果肉は白色で甘い。種子が多いのも特徴である。

アケビ科

ミツバアケビ／Akebia trifoliata

つる性落葉木／花期：4〜5月、濃紫色の花

分　布：北海道〜九州
生育地：山野

　高島市内では、平地から山地の林縁部に普通に生育する。小葉が普通3枚あるので、ミツバアケビという。秋に実る果実はアケビのなかでも一番おいしく、熟れてくると、近くを歩いただけで良い香りが漂う。また4月頃に出る若葉はキノメと呼ばれて、春先の山菜として、食用とされる。つるは丈夫で、細工ものに多く使われる。庭木として生け垣、棚作りにもされる。つるの太い部分を「木通」といい、利尿作用があるといわれている。茎は左巻きに伸びる。根もとから細い枝を出し、地表を這う。葉は互生し、卵形ないし広卵形の小葉が普通3枚ある。少数の波状鋸歯をもつ。葉はときに越冬する。4〜5月に総状花序を下向きにつけ、先の方に雄花をつけ、基部に雌花をつける。濃い紫色の花はアケビより小さく、色が濃い。果実は長楕円形で、長さは10cm以上になり、熟すと紫色を帯びて裂開する。黒色種子を多数含む白色半透明の果肉が食用となる。

ツヅラフジ科

アオツヅラフジ /Cocculus trilobus

つる性落葉木／花期：7〜8月、黄緑色の花

分　布：本州、四国、九州
生育地：山野の路傍、林縁

　高島市内では、平地から山地の林縁部や川沿いの林に普通に生育する。漢名を「木防已」といい、木部や根を輪切りにして乾燥させたものは、利尿、鎮痛、解熱などの薬効があるとされる。全体に淡黄褐色の毛がある。茎は針金状で長く伸び、10m以上になる。硬膜質の葉は互生し、やや左右がくびれて3浅裂する。基部は心形から円形をしている。夏に枝先や葉腋から細長い円錐花序を出し、無毛の黄緑色の細かい花をつける。雄花序は葉柄より長い。雄花には6本の雄しべと仮雌しべ、雌花には6本の雌しべと仮雄しべがある。果実は球形の石果で、藍色から熟すと黒くなり白粉を帯びる。別名をカミエビという。

ツヅラフジ科

オオツヅラフジ／Sinomenium acutum
つる性落葉木／花期：7月、黄緑色の花

分　布：本州（関東以西）、四国、九州
生育地：山地の林床

　高島市内では、平地から山地の林縁部や林道沿いに普通に生育する。和名はツルを編んで葛籠を作った事に由来する。別名ツヅラフジ。高島市ではこのツルを用いて、テゴ、イズミが作られた。テゴとは農作業や山菜採りに持っていく入れ物、イズミはテゴより大きく、目が粗いもので、山菜採りに使われた。茎や根は「防已（漢防已）」と呼ばれ、利尿作用や腫れ物をなおす作用があるといわれている。茎は太いものでは径3㎝になり、長く伸び木質で硬い。若枝には少し毛があるが、後には無毛となる。葉は互生し、長い葉柄があり、5角または7角の卵円形で表面は無毛、裏面は若いときに少し毛がある。7月に枝先や葉腋に多少毛のある大型の円錐花序をつける。花被の外面に毛がある。果実は青黒色のややゆがんだ球形の石果で、少し扁平になる。

スイレン科

ジュンサイ／Brasebua schreberi

多年草／花期：6～8月、紫褐色の花

分　布：北海道～九州
生育地：池、沼

　高島市内では、ため池で見られるが稀。古名をぬなわと言い、昔から野菜として利用されてきた。現在、高島市内には、ジュンサイの生育する沼は少ないが、昔は山仕事の昼食時に食べるなど、よく見かけた植物の1つである。最近は栽培されたものも、市場に出回っている。長い葉柄の先に、大きさ約10cm、楕円形をした葉をつける。葉がまだ開かない時、寒天質に被われたものをとって食べる。汁の具や酢の物とされる。夏、生育地では沼一面を覆いつくすほどに生育する。8月、水中から伸びた花梗に茶褐色をした目立たない花を咲かせる。古名のぬなわは沼縄であるが、新芽の様子をとらえた滑縄でもある。別名馬蹄草ともいう。

スイレン科

コウホネ/Nuphar japonicum

多年草／花期：6〜9月、黄色の花

分　布：北海道（西南部）〜九州
生育地：池、沼

　高島市内では、内湖やため池、水路などで普通に生育する。花の様子がかなり違うが、コウホネもスイレンと同じ、スイレン科の植物である。高島市内にはコウホネの他に、ヒメコウホネが記録されているが、コウホネとの中間的な特徴を示し、両者の区別は現時点ではあいまいである。コウホネ属は北半球の温帯域に約20種が知られ、日本には8種類が生育する。そのうち4種類が環境省版のレッドデータブックで絶滅危惧種とされ、ヒメコウホネも含まれる。コウホネは比較的個体数も多く、特に琵琶湖周辺では普通に見られ、高島市にも多くの自生地が確認されている。コウホネの根は白く、地中を横走することから、川骨と呼ばれ、また、この根茎を白骨にみたてて、河の中の骨という意味で、河骨と言われる。

123

ドクダミ科

ハンゲショウ（カタシログサ） /Saururus chinensia

多年草／0.5～1m／花期：6～8月

分　布：本州、四国、九州
生育地：低地の水辺、湿地

　高島市内では、琵琶湖岸の湿地に生育するが、稀。お茶で有名なドクダミと同じ、ドクダミ科である。ドクダミ科は世界に7種ほどある小さな科で、日本にはドクダミ属とハンゲショウ属がある。ともに1種からなる。琵琶湖岸のヨシ帯の周辺に生育し、高さ1m程になる。ヨシの勢力が弱いところでは、時に群生する。花より葉に目が奪われがちだが、夏には細長い花穂を伸ばし、小さな花をたくさんつける。ドクダミやコショウとともに、原始的な構造を持つ植物である。ハンゲショウは夏至から11日目の半夏生の頃に、白い葉が目立つようになることからつけられたという説や、葉の半分が白く、「半化粧」であるとする説がある。また、葉の片面が白くなることから、「片白草」の別名もある。

センリョウ科

フタリシズカ /Chloranthus serratus

多年草／30〜60㎝／花期：5月、白色の花

分　布：北海道〜九州
生育地：山地の林床

　高島市内では、山地の湿り気のある林内に生育するがやや稀。ヒトリシズカに対する命名で、花序が普通2本出る事からフタリシズカと呼ばれる。花期はヒトリシズカより少し遅れ、5月頃に白い花をつける。別名のサオトメバナは、花期が田植えの時期である事による。古くはツキネグサと呼ばれたが、室町時代に流行した能楽から「二人静」の名がつけられたといわれる。茎は緑色で無毛である。楕円形の葉は対生し、縁には多数の鋸歯がある。茎頂に対生する葉の中央から穂状花序を通常2本出し、白い細かな花を点々とつける。白く見えるのは雄しべである。果実は球形または倒広卵形で淡緑色をしている。

> センリョウ科

ヒトリシズカ／Chloranthus japonicus
多年草／15〜30㎝／花期：4〜5月、白色の花

分　布：北海道〜九州
生育地：山地の林床

　高島市内では、山地の林内に生育するがやや稀。和名は、山で咲いている姿を、乙女がひとり静かにたたずんでいる様子になぞらえて命名されたという。昔の文献には「静とは源義経の寵姿にて、吉野山において歌舞の事あり。好事者其の美を比して之に名付く」と記述され、別名のヨシノシズカのゆえんでもある。また穂状の花の形が眉掃のようであるのでマユハキソウの名もある。フタリシズカに対して花序は1本で、花期は1〜2か月早く、短く横にはう根茎から多数の茎が直立し、群落する。下部の節には鱗片葉があり、上部に大型の葉4枚が輪生しているように見える。卵状楕円形で、縁に鋸歯をもち、光沢がある。頂生する1本（稀に2本）の穂状花序を出し、長さは2〜3㎝になる。白い花のように見えるのは雄しべで、3本が合着したものである。

> ウマノスズクサ科

ミヤコアオイ／Heterotropa aspera

多年草／5～15cm／花期：4月、暗紫褐色の花

分　布：本州（近畿以西～島根県）・四国西部
生育地：山地の林内

　高島市内では山地の落葉広葉樹林内にやや普通に生育する。どこにでもあるというわけではないが、山地部での個体数は多い。カンアオイの仲間で、ギフチョウの食草でもある。この仲間は、日本に50種程が自生するが、ほとんどが固有種で、地域毎に分化を遂げてきた植物群である。ミヤコアオイは、近畿地方を中心に分布し、西日本、四国にみられる。県内には数種のカンアオイ属が生育するが、その中では比較的普通な種である。春先、株元に咲かせる花の上部が強くくびれることから他の種類と区別できる。葉に斑のあるものやないものなど、変異は大きいが、葉の耳の部分がやや外に張り出すなどの特徴もある。

ウマノスズクサ科

アツミカンアオイ /Heterotropa kooyana var. rigescens

多年草／葉の長さ6〜10cm／花期：4〜5月、暗紫色の花

分　布：本州（近畿）
生育地：山地

　高島市内では、平地から山地のブナ林まで、林内に普通に生育する。カンアオイの仲間は日本に約50種近くあり、どれも固有種である。斑入りなどの変異に富み、昔から愛好家が多い植物である。また精油を含み、芳香があり、時に薬草としても利用される。和名のカンアオイは「寒葵」で、葉が冬でも枯れず青々している所から名づけられた。アツミカンアオイはカンアオイの変種で、葉が厚く表面の葉脈はくぼむ。

ボタン科

ヤマシャクヤク /Paeonia japonica

多年草／30〜40㎝／花期：5月、白色の花

分　布：本州（関東、中部以西）、四国、九州
生育地：山地

　高島市内では、山地の林内に生育するが稀である。日本海側には少なく、県内でも鈴鹿山地などに多い。ボタン科にはボタンのような木本のものと、シャクヤクのような草本のものとがある。薬用として渡来したシャクヤクは、中国・朝鮮半島原産の植物であるが、日本には少し小さなヤマシャクヤクが分布する。葉は普通2回3出複葉で、小葉は楕円形から倒卵形で、葉の裏は白色を帯びる。花弁は5〜7枚。雌しべは普通3個で、花後、大きく膨らみ、袋果と呼ばれる果実をつける。双子葉植物のなかでも原始的な形態を残した植物である。

マタタビ科

サルナシ／Actinidia arguta
つる性落葉木／花期：5～7月、白色の花

分　布：北海道～九州
生育地：山地の林縁

　高島市内では、山地の林縁部や渓谷沿いに生育するがやや普通。和名は実がナシに似ていて、サルが好んで食べるところから名づけられたというが、熟したものは人間が食べてもおいしい。近年よく栽培されるキウィフルーツは同じ仲間で、味も輪切りにしたときの姿や色もそっくりである。キウィフルーツを小さくして、まわりの褐色の剛毛をとってしまえば、サルナシの実になる。この実は香りもよく、果実酒によく利用される。葉は互生し、広い楕円形で、縁には尖った鋸歯がある。つる性の幹は大変丈夫で腐りにくく、筏をしばるのに利用されたり、徳島県祖谷川の蔓橋にも使われている。花はマタタビに似ているが、葯はマタタビの黄色に対して黒いので、簡単に判別できる。近縁のウラジロマタタビは葉の裏面が白いので区別できる。高島ではハシノツメクサという。

マタタビ科

マタタビ／Actinidia polygama
つる性落葉木／花期：6～7月、白色の花

分　布：北海道～九州
生育地：山地の林縁、崩壊地、谷沿

　高島市内では、山地の林縁部や渓谷沿いに普通に生育する。「猫にまたたび」といえば、効果が著しい事のたとえだが、実際にネコにマタタビを与えると酔ったようにふらふらになって最後には眠ってしまう。これはマタタビに含まれるマタタビラクトンやアクチニジンといった物質がネコの中枢神経に作用するためで、ライオンなどの他のネコ科の動物にも同じ効果がある。マタタビの果実は2種類ある。1つは正常に生育した長楕円形のもので、辛みと特有の香りがあり、塩漬けにして食用にする。これは疲労回復の効果があるといわれ古くから旅人は宿でこの塩漬けを食べて疲れをいやし「また旅」に出たという。ここから和名がつけられたという説がある。もう1つはマタタビバエの産卵によって虫こぶになった凸凹の球形のもので、これを湯に通し乾燥させたものが漢方の「木天蓼（もくてんりょう）」である。木天蓼は体を温める作用があり、腰痛、疝（せん）痛などの鎮痛剤として用いられてきた。葉は互生し、広卵形から楕円形で、縁には尖った鋸歯がある。葉の上半部は花の咲く頃白くなり、これが目印になって遠くからでも見つけることができる。花は芳香を放ち、葯が黄色。高島市ではユツラという。

131

ツバキ科

ヤブツバキ /Camellia japonica

常緑小高木／5～10m／花期：2～4月、濃紅色～淡紅色の花

分　布：本州（青森以南）、四国、九州
生育地：海岸や山地、河川の沿岸

　高島市内では、平地の社寺林や河辺林から山地の林内に普通に生育する。暖地の海岸沿いの丘陵地に多いが、山地にも生育する。樹皮は灰白色で平滑、葉は光沢がある。和名は「藪ツバキ」で、ツバキの名は、光沢があることによる「艶葉木」、または、葉が厚いことによる「厚葉木」が、ツバキという言葉に転じたといわれている。昔から椿油が有名で、頭髪用、灯油、食用として使われている。また、材は堅く建材や器具材として利用される。朽木古川では、大晦日の夜、氏神の広田神社でお籠りするとき、囲炉裏にツバキの丸太を燃やす。ツバキの仲間にはいくつかあり、東北地方から北陸地方の日本海側の多雪地帯には、ユキツバキが生育し、滋賀県では、余呉町と木之本町に分布する。また、ユキツバキとヤブツバキの中間型のユキバタツバキがあり、高島市マキノ町や木之本町、余呉町に自生する。

旧秀隣寺（興聖寺）庭園とヤブツバキ

　いまから約450年前、朽木城主、朽木種綱を頼って京から逃げのびた足利14代将軍義晴をなぐさめるために作られたといわれる旧秀隣寺庭園は、小規模ながら室町時代の様式を残す見事な池泉鑑賞式の庭園である。

　「天狗の森」のある蛇谷ガ峰を借景にしている。

　中心となる池泉は曲水風になっており、中央にクスノキの化石の石橋がかかる。西側の築山には滝があり、まるで洞窟から水が湧き出るような構成となっている。石橋をはさんで北が亀島、南が鶴島となり、二つの石組が庭園の要となっている。この庭は、将軍義晴に同行した、細川高国の代表作といわれ、「足利庭園」とも呼ばれている。

　数年、この地に滞在した義晴が去った後に居館は秀隣寺となったが、さらに後世、秀隣寺は隣村に移り、江戸時代に朽木氏の菩提寺である興聖寺がこの地に移され、現在にいたっている。時代を経て、石と苔むして、庭一面に高麗芝が覆い、四季折々の風情をみせる。境内には50本ほどのヤブツバキがあり、4月には一斉に花開く。中には築庭当時からの古木もあり、高麗芝の上に落花したツバキの風情は、一層名園をきわただせる。都を恋しく思っていた義晴の心を慰めるに充分な風情であったことだろう。

　また、遠方に見える蛇谷ガ峰を情景としたつくりとなっている。

ツバキ科

ユキバタツバキ / Camellia japonica var.intemedia

常緑低木／1〜2m／花期：3〜4月、紅色〜淡紅色の花

分　布：本州（日本海側）
生育地：山地

　高島市内では、マキノ町在原周辺に自生する。ユキツバキの自生地とヤブツバキの自生地が接するところに生育し、両者の中間的な特徴を持つ。滋賀県は、北部の木之本町や余呉町にユキツバキの自生地があり、接点となるところにユキバタツバキの自生することが知られている。

ツバキ科

サカキ／Cleyera japonica

常緑小高木／5～8m／花期：6～7月、白色の花

分　布：本州（茨城、石川以南）、四国、九州
生育地：山地の林床

　高島市内では、平地の社寺林内に普通に生育する。サカキは神に捧げる木として選ばれた木であり「栄える木」、あるいは神域との「境の木」を意味するという。降臨してくる神霊の目印や依代として、サカキが重要な役割をもつ神事は数多い。大津市の日吉大社の山王祭でも、境内の山中から伐り出してきた大サカキに神霊を依らせ、これを運ぶ事で神霊の移動を表現する。高島市でも氏神、山ノ神はもとより、家々で祭る神棚にも供えられている。正月になると大枝を門松がわりとして、氏神の鳥居に括りつけて立て、正月15日の早朝のドンドンで燃やす。材は緻密で強靭なので床柱、道具の柄、櫛、刷毛木地などに用いる。葉は2列互生し、全縁、無毛で長楕円状広被針形。液果は球形で10月に黒紫色に熟す。種子は小型で多数ある。

> ツバキ科

ヒサカキ／Eurya japonica
常緑大低木または小高木／3〜5m／花期：3〜4月、黄色味を帯びた白色の花

分　布：本州（岩手、秋田以南）、四国、九州、沖縄
生育地：丘陵地、山地の林床

　高島市内では、平地から山地の林内に普通に生育する。春先に山に行くと都市ガスに似た匂いのすることがある。これは、ヒサカキの花の匂いで、花にはやや強い香気がある。和名は、サカキに比べ小さいという意味の「姫サカキ」がつまって名づけられた。樹皮は灰褐色で、葉は互生し、楕円形で質は厚く縁に鈍い鋸歯がある。サカキが手に入りにくい地方では、ヒサカキを「サカキ」と呼び、神事に用いる。また、庭木、生け垣にも使われ、材は薪炭材として使われる他、枝葉の灰は媒染剤として有用である。液果は球形で熟すと紫黒色となり、種子は黒色でやや角張る。高島市ではヘチャカケ、ビシャシャク、ビシャともいう。写真は雄花。

ツバキ科

ナツツバキ / Stuartia pseudo-camellia

落葉高木／約15m／花期：6～7月、白色の花

分　布：本州、四国、九州
生育地：山地

　高島市内では、低地から山地に生育するがやや稀。樹皮が剥離することから、一見リョウブのように見えるが、ツバキの仲間である。今は身近に、サルスベリと呼ぶ植物があるが、樹皮がはがれてすべりやすく見えることから、ナツツバキのことをサルスベリとも呼ぶ言い方は、高島市内にもある。名前はナツツバキ（夏椿）で、夏に花を咲かせることによる。別名シャラノキ（沙羅樹）とも呼ぶ。純白の花は、気品があり沙羅双樹にみたてて寺院にもよく植えられる。樹高10m以上、幹周り50cm程にもなる高木で、花が終わると木の下に白い花が散らばる。近畿の南部には、花が少し小ぶりなヒメシャラが自生する。高島市内には比較的少なく、マキノ町赤坂山や岳山周辺の花崗岩地にやや多い。

オトギリソウ科

トモエソウ／Hypericum ascyron

多年草／30〜50cm／花期：8月、黄色の花

分　布：北海道〜九州
生育地：山野の草地

　高島市内では、山地の草地に生育するが稀。高島市には、オトギリソウ、ミズオトギリなどが生育するが、同属の中では草丈・花とも最大で、花径は約5cmある。葉は披針形で、基部は茎を抱き、黒点はなく精油が詰まった部分が透けて見える明点がある。中国原産の金糸梅などと同じ仲間で、多数の雄しべが美しい。属名のHypericumは「草むらの下に」という意味で、この仲間は東アジアの温帯草原に広く分布する。花は、朝開き夕刻にはしぼむ一日花。和名は、大きな5弁の花びらが少し曲がって巴の紋のような形につくことから、名づけられた。県内では、伊吹山に多数見られる。

オトギリソウ科

オトギリソウ /Hypericum erectum

多年草／30～50㎝／花期：7～9月、黄色の花

分　布：北海道～九州
生育地：山地、丘陵地

　高島市内では、平地の湿地や湿り気の多い所に普通に生育する。和名は「弟切草」で、鷹飼いの名人が、この草を鷹の傷を治す秘薬としていたところ、その弟がこれを他の人にもらしたので、怒って弟を切ったをいう伝説による。オトギリソウの薬草としての効果を伝説化したものであるが、オトギリソウは昔から薬師草ともいわれ、薬草として使われてきた。また、実際に殺菌作用のある化学物質も見つかり、伝説だけのことではないことがわかってきた。葉は対生し無柄で、広披針形～狭卵形で幅がやや広く、基部は茎を抱く。葉全体に黒点があり、縁にも密に黒点が並ぶ。この黒点にもいわれがあり、弟を切った際に飛び散った血が、黒点となって残ったものだという。西洋にもよく似た伝説があり、この黒点は十字架にかけられたキリストの血だという。

オトギリソウ科

コケオトギリ／Hypericum laxum

1年草／5〜30cm／花期：7〜8月、黄色の花

分　布：北海道（西南部）本州、四国、九州
生育地：廃田、休耕田、湿地

　高島市内では、平地から山地の湿地や湿り気の多い所に普通に生育する。コケオトギリは「苔弟切」と書き、小さいのでコケのようなオトギリソウの意。全体に細くて弱々しい、黄緑色の浅い色をした1年草。茎は細く4稜形ではじめ節から根を下ろし、やがて立ち上がり、よく分岐する。葉は対生し広卵形で多数の小明点が入るが縁に腺点はない。オトギリソウ属の植物においては、葉の明点や黒点が分類における大切な基準となる。花弁は5個で長楕円形。蒴果は卵形をしている。

オトギリソウ科

ミズオトギリ／Triadenum japonicum

多年草／0.5～1m／花期：8～9月、淡紅色の花

分　布：北海道～九州
生育地：沼地、湿地

　高島市内では、平地から山地の湿地にやや普通に生育し、時に群生する。沼地や湿原に生える多年草で、地下茎を伸ばして増え、しばしば群生する。和名の「水弟切」は水辺に生えるオトギリソウの意。葉は対生し、披針状長楕円形で基部はやや茎を抱き、大小の明点がある。秋には美しく紅葉する。オトギリソウの仲間の中では花がやや地味で、茎の先端や葉の付け根から1つずつ咲く。1日のうち午後3時から4時に開き、その日のうちにしぼむ薄命の花である。花後、楕円状の蒴果をつける。

モウセンゴケ科

モウセンゴケ /Drosera rotundifolia

多年草／5〜10mm／花期：6〜8月、白色の花

分　布：北海道〜九州
生育地：湿地

　高島市内の花崗岩地の湿地に生育するが、やや稀。花崗岩地に断層が走り、破砕帯にできた粘土層でよく湿地ができる。高島市内では、赤坂山周辺や岳山周辺の花崗岩地に湿地が多く、栄養分の少ない貧栄養湿地となり、このような場所にモウセンゴケやイシモチソウなどの食虫植物が生育する。モウセンゴケは、栄養分の乏しさを、生き物を捕らえることにより補う、緑色植物である。名前は毛氈苔で、腺毛におおわれた葉が毛氈を敷き詰めたように見えることからつけられた。滋賀県県内にはモウセンゴケのほかに、葉柄の部分がはっきりし、葉身が円形となるトウカイコモウセンが自生し、高島市内にも少し見られる。7月、花径4㎜程の白い、小さな花を咲かせる。

ケシ科

ムラサキケマン / Corydalis incisa

2年草／20〜50㎝／花期：4〜6月、淡紅色〜紅紫色の花

分　布：北海道〜九州、沖縄
生育地：低地の林縁、藪陰、草地

　高島市内では、平地の林縁や藪の縁に普通に生育する。和名の「紫華鬘」の「紫」は花の色、「華鬘」は花を糸で綴り首にかけた花輪の事で、花の様子がそれに似ている事からきている。葉は2回3出複葉で、小葉はさらに羽状に裂けて深く切れ込み、ウスバシロチョウの食草になる。蒴果は線状長楕円形で、ぶら下がるようにつく。全体が柔らかく、茎は無毛で角張り、茎や葉を切るとやや悪臭がある。初夏、紅紫色の唇状花を多数総状につける。この花も他のケマンと同様に有毒で、全草にアルカロイドが含まれる。

ケシ科

ヒメエンゴサク / Corydalis lineariloba var. capillaris

多年草／10〜20cm／花期：4〜5月、青紫色の花

分　布：本州、四国、九州
生育地：山地の林床

　高島市内では、平地の河辺林や山地の林内、林縁に普通に生育する。エンゴサクの仲間でも特にか弱い感じのする植物で、夏緑樹林の林床や道ばたに生える。ヤマエンゴサクの変種で、葉は3〜4出複葉。小葉は、倒卵形〜卵状長楕円形で、さらに細かいものもあり、長さ5〜8mm。花の数は少なく、花色は赤みを帯びた紫色のものから、濃い青紫まであり変化に富む。地中には直径1cmほどの塊茎がある。塊茎から1本の茎が伸び、地表近くに1個の鱗片状の葉をつけ、ここから枝分かれする。エンゴサクの名は、漢名の「延胡索」からきており、地中にある塊茎の事をさす。昔から浄血、鎮痛などの漢方薬として利用されている。

ケシ科

ミヤマキケマン/Corydalis pallida var. tenuis

2年草／30～50cm／花期：4～7月、淡黄色の花

分　布：本州（近畿以東）
生育地：山地、林縁

　高島市内では、山地の日当たりのよい山地や路傍、林道沿いにやや普通に生育する。「深山」という名があるが、日当たりの良い山地などで普通に見られる。葉は互生し、1～2回羽状複葉で、小葉はさらに細かく切れ込み、セリの葉に似ている。他のケマン類と同様全草にアルカロイドを含む有毒植物なので注意が必要である。花は総状で密につき、唇状で、後部が距になっている。蒴果は線形で数珠状にくびれる。

ケシ科

タケニグサ /Macleaya cordata

多年草／1〜2m／花期：7〜8月、淡黄色の花

分　布：本州、四国、九州
生育地：山野の斜面、荒地

　高島市内では、平地から山地の林縁、林道沿い、荒地に普通に生育する。全体に粉をふいたような灰白色で茎は中空で直立し、時に群生する。葉は互生し、大きな広卵形で羽状に中裂する。夏、円錐花序に多数の花弁のない小さな花をつける。和名のタケニグサは、茎が竹に似ている（竹似草）という説と、竹を煮るのに使った（竹煮草）という説がある。別名のチャンパキク（占城菊）は、インドシナの古い国（占城）から渡来したと考えられ名づけられたという。そのほか、かすかな風で実と実がふれあってカラカラ音をたてるので「ササヤキグサ」、岩のゴロゴロした所に生えているので「ゴロウギ」など地方名が多い。草を傷つけると有毒なオレンジ色の乳液を出すが、民間薬では皮膚病やたむしの薬として用いられる。高島市ではチグリという。

ケシ科

クサノオウ／Chelidonium majus var. asiaticum
2年草／30〜80cm／花期：5〜7月、黄色の花

分　布：北海道〜九州
生育地：草地、路傍、荒れ地

　高島市内では、平地の林縁や草地、農耕地に普通に生育する。人家周辺の、日当たりの良い石垣のすき間などにもよく見られる。全体に粉白色を帯び、茎や葉に縮れた毛がある。葉は互生し、1〜2回羽状複葉で、小葉は鈍頭または円頭。蒴果は線形で直立し、種子はアリによって運ばれるという。アリの巣の多い日当たりの良い斜面に多いのはこのため。

和名の由来は「草の黄」（切ると黄色い汁が出る）、「瘡の王」（丹毒の民間薬として用いる）の2つの説がある。全草にアルカロイドを含み有毒だが、漢方では「白屈菜」の名で鎮痛、消炎などに用いられる。

147

> アブラナ科

ハクサンハタザオ / Arabis gemmifera
多年草／10〜30cm／花期：3〜5月、白色〜淡紅紫色の花

分　布：北海道、本州、四国（剣山）、九州
　　　　（宮崎）
生育地：山地の路傍、斜面

　高島市内では、山地の日当たりのよい道沿い、石垣などに生育するがやや稀。日当たりの良い道沿いに群生する事もあり、辺りが白く染まる。大きいものは高さが30cmほどになるが、茎が細く倒れやすい。また、花が終わったあと、倒れて地についた所から新芽を出す性質がある。根出葉は短い柄があり、長さ数cmで、浅く裂ける。果実は線形で数珠状にくびれ、長さ1.5〜2cm。名前は「白山旗竿」で、石川県の白山で最初に見つかったハタザオの意味。植物全体に線状毛の多いものを、イブキハタザオといい、伊吹山に多い。

アブラナ科

タチスズシロソウ / Arabis kawasakiana
1年草／15～40cm／花期：4～5月、白色の花

分　布：本州（東海・近畿）、四国
生育地：海岸、湖岸

　高島市内では、湖岸の砂浜に生育するが、稀。アブラナ科ハタザオ属の植物で、秋に発芽した植物がロゼットを作り、春に茎を伸ばし、花を咲かせる。早春、砂浜に小さなロゼットが見られるのは、これである。湖岸は、汀線から少し陸地に入ったあたりは、侵入する植物も少なく、タチスズシロソウにとっての快適な生育環境である。不安定な生活環境を、小型化と生活環の縮小により生き延びて来た。ところが、近年、浜辺への外来植物の侵入と、車などの立ち入りにより、かなり自生地が減少した。中には、周辺の墓地や駐車場などに新たな生育地を拡大しているところもあるが、個体数は少ない。滋賀県版レッドデータブックでは、希少種に扱われる。

149

アブラナ科

タネツケバナ / Cardamine flexuosa

1年草／10〜30cm／花期：3〜6月、白色の花

分　布：北海道〜九州
生育地：荒地、路傍

　高島市内では、やや湿った畑地、畦、田んぼ、水湿地などに普通に生育する。全国的にも普通で、早春、水田跡や湿った場所に群生し、白い小さな花をつけているのがよく見られる。草丈は10〜30cm、葉は奇数羽状複葉で、茎の基部は普通紫がかる。和名は、種籾を水につけ、苗代の準備をする頃に花を咲かせことと、準備の目安とすることから名づけられた。春の七草のナズナと同じアブラナ科の植物で、若苗や葉を漬物や浸し物などにして食べる。野芹菜の別名もあり、かつてはナズナのように、冬の緑色野菜として利用されていたようだ。また、若葉が少し辛味があることから、田んぼに生えるカラシという意味で、カラシナともいう。タネツケバナの仲間は外来植物もあり、また、よく似たものが多く、区別はやや難しい。

アブラナ科

マルバコンロンソウ /Cardamine tanakae

多年草／7〜20㎝／花期：4〜6月、白色の花

分　布：本州、四国、九州
生育地：山地の林床

　高島市内では、山地の渓流沿いの湿り気の多い場所にやや普通に生育する。和名は近縁のコンロンソウに比して、葉が円味を帯びる所から名づけられた。コンロンソウは花の白さを崑崙山脈の雪にたとえたものではないかといわれるが、よくわからない。崑崙山脈は中国タクラマカン砂漠の南に位置する大山脈。葉は互生し、奇数羽状複葉。葉柄の基部は耳状になって茎を抱かない。小葉は3〜7個で、円心形。縁に鈍鋸歯がある。茎上部に総状花序を出し、白色の花を数個つける。茎や葉、萼、花柄、花柱に白毛がある。果実は長角果で、密に毛が生える。熟すと種子を弾き飛ばす。

アブラナ科

ワサビ／Wasabia japonica
多年草／20〜40㎝／花期：3〜5月、白色の花

分　布：北海道〜九州
生育地：山地の渓谷

　高島市内では、山地の渓流沿いに生育するが近年やや稀。ワサビは、刺身などの料理に欠かせないが、その利用の歴史は古く、平安時代中期の文献にすでに記録がある。和名の由来には、早生を指す「ワサ」と、口に入れると辛い菜を意味する「ヒビナ」から「ワサヒビナ」と呼ばれ「ワサビ」になったという説がある。全草にシニグリンという、分解されると芥子油になる辛み物質を含み、香辛料や葉菜として広く栽培される。暑さに弱いので、夏も冷涼な静岡、長野、島根県などの山間部で主に栽培され、沢ワサビと畑ワサビに分けられる。茎は直立し、根茎は太い円柱形で多くの節がある。根出葉は長い柄があり、円形で基部は心形、数個束生する。果実は長さ15㎜ほどの長角果で、中に楕円形の種子を含む。

アブラナ科

ユリワサビ / Eutrema tenue

多年草／10〜20cm／花期：3〜5月、白色の花

分　布：北海道〜九州
生育地：山地の渓流沿い

　高島市内では、山地に自生するが自生地も限られ稀。ワサビは渓谷沿いの湿地や、氾濫原など湿地に多いが、ユリワサビは山地の川のほとりややや湿り気の多い落葉広葉樹の林床に生育する。高島市内では、もと もと個体数も少なく、石田川の上流域や天増川の上流域および、下流の河辺林にわずかに自生する。全体的に、ワサビに比べ一回り小さく、葉も小さい。和名は百合山葵で、冬に葉柄の基部が枯れて残り、その形が百合の鱗茎に似ていることによる。ワサビ同様辛味があり、葉や根を食用にすることができる。

アブラナ科

ハマダイコン / Raphanus sativus

越年草／30〜60cm／花期：4〜6月、白色の花

分　布：北海道〜九州
生育地：海岸の砂地

　高島市内では、湖岸や果樹園の下生え、墓地などに生育し、やや普通。大根は地中海沿岸から中近東の原産で、今は世界中に分布している。野生種の中から、根が太くなるものを選び、改良されたものが、現在、私たちが食用とする栽培種である。ハマダイコンは、野生種が直接日本にもたらされたというより、中国を経て日本に伝えられた大根が、逸出し海岸という地中海とよく似た環境のもとで、野生化に成功していったものと考えられている。栽培植物が野生化する例はまれで、逆進化の貴重な事例であるとされる。また、琵琶湖は、海岸とよく似た環境をもつことから、ハマダイコンにとっては、最適の環境のもとで広がったものと考えられる。茎は高さ30〜60cmで、花は淡紅紫色。果実は数珠状にくびれ、熟してもはじけない。

アブラナ科

イヌガラシ／Rorippa indica

多年草／10～50㎝／花期：4～9月、黄色の花

分　布：北海道～九州
生育地：低地の野原、田畑、路傍

　高島市内では、平地の田んぼの畦、路傍に普通に生育する。野原や道ばたに多い、田畑の雑草の1つである。イヌガラシという名は、カラシに似るがあまり食用にならない事からつけられたものだが、実際には葉に淡い辛味があり、野草料理では生、あるいは茹でて食べる。葉に毛はなく長楕円状披針形から卵形で、粗い鋸歯がある。根出葉は羽状に分裂するものもある。春から夏にかけて、総状花序に、小さな十字状花をつける。長角果は長さ1～2㎝の円柱状。よく似た花にスカシタゴボウがあり、こちらは実が丸みを帯びているのでイヌガラシと区別できる。

マンサク科

マンサク /Hamamelis japonica
落葉低木〜小高木／2〜5m／花期：2〜3月、黄色の花

分　布：本州（関東地方西部以西、太平洋側）、四国、九州
生育地：山地の林床

　高島市内では、山地の林内や林縁にやや普通に生育する。マンサクは枝一面に黄色い花を咲かせ、早春の山地に春の訪れを告げる木である。和名の「マンサク」は、黄色の花が多く咲くので「豊年満作」からきたという説と、葉に先立って花が「先ず咲く」からきたという説がある。枝にねばりがあるので、高島市では薪をしばったり、筏を組むときなどに利用されてきた。葉に先立って開花し、紐状にちぢれた4弁の黄色の花をつける。葉は互生し、菱形状円形又は広卵形で波状の鋸歯があり先が短く尖り、秋に黄葉する。同じ仲間で、葉の先が丸いマルバマンサクがあり、こちらは主に日本海側に分布するが、高島市ではどちらも見られる。高島市ではネソ、ツブナギという。

ベンケイソウ科

コモチマンネングサ /Sedum bulbiferum

越年草／20～60cm／花期：5～6月、黄色の花

分　布：本州、四国、九州
生育地：畑の縁、路傍

　高島市内では、平地の人家周辺や農耕地、庭先などに普通に生育する。和名は「子持万年草」で、マンネングサの仲間にあって、葉の付け根にむかごができることから名づけられた。また、マンネングサとは、摘み取った植物がいつまでも生きていることからつけられた名前である。全草多肉で、葉は互生し、柄はなく、茎は斜上するか直立する。花序は頂生する集散花序で、5枚の花びらをつけた花が咲く。むかごは親株が枯死すると地面に落ち、明くる年の春に成長を始める。普通種子はできない。

ユキノシタ科

アカショウマ / Astilbe thunbergii
多年草／40～80cm／花期：5～7月、白色の花

分　布：本州（東北南部から近畿）、四国
生育地：山地の林床、林縁

　高島市内では、山地の林縁に生育するが、比較的北部に多く、南部の山地にはやや稀。和名は茎の基部が赤みを帯びたショウマの意で、他の「ショウマ」の名を持つ植物と同様、広い円錐状の花序に白い小花を多数咲かせる。葉は3回3出葉で、小葉は光沢がなく楕円形から卵形で、縁にやや不ぞろいの重鋸歯があり先が鋭く尖る。トリアシショウマに似ているが、小葉や花が小さい事、側枝が分枝しない事、花の時期がやや早い事などから区別できる。

ユキノシタ科

クサアジサイ / Cardiandra alternifolia

多年草／20〜80㎝／花期：7〜10月、白色の花

分 布：本州（宮城・福島以南）、四国、九州
生育地：山地の林床

　高島市内では、山地に生育するがやや稀。和名のクサアジサイは、アジサイに似た草という意味からきている。小さい花が集まり、萼の変化した装飾花を持った花は、アジサイにそっくりだが、木質の地下茎から、毎年1年生の茎を出す事や、葉が互いちがいに出る事などで区別ができる。葉は草質、披針形または楕円形、先と基部は尖り、鋭い鋸歯がある。

ユキノシタ科

ホクリクネコノメソウ/Chrysosplenium fauriei

多年草／約10cm／花期：4月、淡緑色の花

分　布：本州（新潟〜島根の日本海側沿岸帯）
生育地：沢沿い、陰湿地

　高島市内では、山地の渓流沿いにやや普通に生育する。滋賀県内の分布は北に片寄り、鈴鹿山地の北部にも分布する。ホクリクネコノメソウは名前が示すとおり分布が本州の日本海側にあり、太平洋側のイワボタンと分布域を分けている。高島市ではイワボタンよりホクリクネコノメソウの分布が多く、葛川に接するあたりにはイワボタンも分布する。葉は円形・卵形・楕円形と変化に富み、縁には鈍鋸歯があり、根出葉は花期まで残る。雄しべは8本あり、萼よりはるかに長い。ネコノメソウ属の分類には種子に並んだ粒点が手がかりとなるが、中間形もあり分類の難しい植物の1つである。

ユキノシタ科

ボタンネコノメソウ / Chrysosplenium fauriei var. kiotense

多年草／約10㎝／花期：5月、暗赤褐色の花

分　布：本州（岐阜以西の日本海側）
生育地：沢沿い、陰湿地

　高島市内では、山地の渓流沿いにやや普通に生育する。根出葉にはごく短い葉柄がある。ホクリクネコノメソウの変種で、前種と異なり太平洋側に分布する。雄しべが萼より短い点で、ホクリクネコノメソウと区別できる。和名は「牡丹猫の目草」である。

ユキノシタ科

ネコノメソウ／Chrysosplenium grayanum
多年草／5〜20㎝／花期：4〜5月、淡緑色または淡黄色の花

分　布：北海道〜九州
生育地：山麓の湿地、谷間

　高島市内では、平地の田んぼ周辺の湿地から山地の湿地に普通に生育する。春先、山の渓流のほとりで、みずみずしい葉と、可憐な花が目立つ。葉は卵円形で鋸歯があり、花は花弁がなく4枚の萼片がつき、地表を這う走出枝で群生する。和名は「猫の目草」で、特徴のある果実をつけ、パックリと割れた裂け目から光沢のある種子がのぞく様子が瞳孔を閉じた昼間の猫の目に似ている事から命名された。学名は「金色の脾臓」を意味し、中国では「金銭苦葉草」と呼ばれ、ともに花の黄色と薬効（脾臓や腫れ物の薬）から名がつけられた。高島市にはネコノメソウの仲間が7種生育する。

ユキノシタ科

ヤマネコノメソウ /Chrysosplenium japonicum
多年草／10〜20cm／花期：3〜4月、緑色〜黄色の花

分　布：北海道（南西部）〜九州
生育地：山地の林床、林縁

　高島市内では、平地から山地のやや湿り気のある場所に普通に生育する。ヤマネコノメソウはその名が示すとおり、他のネコノメソウに比べると、さほど湿り気のない林地にも生育する。ネコノメソウの仲間は葉が対生か互生かで大きく2つに分かれるが、ヤマネコノメソウは葉が互生する。全体に毛が多く、花後、茎の基部に有毛の珠芽ができる。

163

ユキノシタ科

タチネコノメソウ /Chrysosplenium tosaense

多年草／5〜12cm／花期：4〜5月、黄緑色または淡緑色の花

分　布：本州（関東以西）、四国、九州
生育地：山地の沢沿い

　高島市内では、山地の渓流沿いにやや普通に生育する。ツルネコノメソウに似ているが地上には走出枝は無い。葉が対生する植物の多いネコノメソウのなかにあって、葉が互生する種の1つである。花は花茎の先につき、萼は平開し、雄しべは8本。花が終わると地上部は枯れるが、地下の短い走出枝の基部がふくらみ、葉が出て新しい個体となる。和名は、「立つ」ネコノメソウの意味である。

ユキノシタ科

ハナネコノメソウ / Chrysosplenium album ver. stamineum

多年草／5～10㎝／花期：3～4月、白色の花

分　布：本州（福島～京都）
生育地：山地の沢沿い

　高島市内では、朽木の渓流沿いの湿地に生育するがやや稀。葉が互生するネコノメソウの一種で、シロバナネコノメソウの変種である。根生葉から伸びた高さ5㎝前後の花茎の先に、白い花が数個かたまって咲く。白く花びらのように見えるのは萼で、暗紫色をした雄しべが、萼より長く飛び出すのが特徴である。ネコノメソウの仲間は、小さいながらも黄色や白色、淡緑色などの花を咲かせ、早春の林でよく目立つ植物の1つである。白い花びらのように見える萼が美しい事からこの名がつけられた。学名の album は「白い」の意味である。

ユキノシタ科

ギンバイソウ /Deinanthe bifida

多年草／40～70cm／花期：7～8月、白色の花

分　布：本州（関東以西）、四国、九州
生育地：山地の林床

　高島市内では、朽木の沢沿いのやや湿り気のある場所に生育するが稀。植物の中には、梅の花に似たものがたくさんあり、ウメバチソウ、ウメガサソウ、イワウメなどと名づけられる。ギンバイソウは「銀梅草」で5弁の大きな花は、名前が示すとおり梅の花に似ている。葉は広倒卵形あるいは広倒披針形で、茎の上部に対生してつく。頂生した花序には、10～20個の花が咲く。これらは両生花で、他に萼片3枚を持ち、花弁や雄しべ、雌しべの退化した装飾花がある。葉は粗い鋸歯とともに、先端が2裂するものが多く、葉だけでギンバイソウとわかる。

ユキノシタ科

ウツギ／Deutzia crenata

落葉低木〜大低木／2〜4m／花期：5〜7月、白色の花

分　布：北海道（南部）〜九州
生育地：山野、河原

　高島市内では、平地から山地の林縁部に普通に生育する。和名は「空木」と書き、枝が成長するとその中心部にある髄が消失して中空になる事に由来する。卯月（旧暦の4月）に花が咲くのでウノハナともいう。純白の花は雪の白さを連想させ、万葉の昔から注目されてきた。
　「ほととぎす　鳴く声聞くや卯の花の　咲き散る岡に　田草引く娘子」　　　　　　　（万葉集）
　貧栄養な場所にはえ、スイカズラ、ノイバラなどと共存する事が多い。花は細い円錐花序に5弁の釣鐘状花がつく。葉は卵形〜長卵形、星状毛、波状の鈍鋸歯がある。関東では畑の境の生け垣に使われる。材は堅いので木釘などをつくる。高島市では、アナグサ、タロ、アイダラなどという。

ユキノシタ科

コアジサイ /Hydrangea hirta

落葉低木／1～1.5m／花期：6～7月、淡紫色の花

分　布：本州（関東以西）、四国、九州
生育地：山地の林床、林縁

　高島市内では、山地の林縁部に普通に生育する。和名は「小紫陽花」と書き、花が小さい事に由来する。シバアジサイともいい、下部からよく分枝する。葉は対生し薄く、卵形から倒卵形で先は尖り、大ぶりの鋸歯があるのでヤマアジサイと見分けがつく。装飾花はないが、小さな両性花が多数集まって咲くので美しく茶花に用いられる。花色には変異が多く淡紫色のものから濃紫色のものまである。

ユキノシタ科

ヤマアジサイ／Hydrangea serrata

落葉低木／1〜2m／花期：6〜7月、白色〜白青色の花

分　布：本州（福島以南の主として太平洋側）、四国、九州
生育地：山地の林床

　高島市内では、山地の林縁部、林内に普通に生育する。和名は山地に多い事に由来する。枝は細く、古くなると縦に多くの浅い割れ目ができる。葉は対生し、草質で薄く、長楕円形から卵状楕円形で、先は尖り三角形状の鋸歯がある。花は装飾花と両性花があり、ときに淡い紅色となる。変異も多く、アマチャ（甘茶）になる系統があり、砂糖が普及するまでは甘味料として用いられ、近年、低カロリー甘味料としても注目されている。

ユキノシタ科

ノリウツギ／*Hydrangea paniculata*

落葉低木〜小高木／2〜5m／花期：7〜8月、白色の花

分　布：北海道〜九州
生育地：原野、山地の林縁

　高島市内では、山地の林縁部や伐採跡地、崩壊地などに普通に生育する。和名は「糊空木」で、幹の内皮の粘液が和紙の糊料に用いられた事に由来する。ノリノキともいい、北海道にはサビタの名がある。葉は対生、稀に3輪生し楕円形から卵状楕円形、先は急に尖り、内曲した鋭鋸歯がある。花は円錐花序に両性花と美しい装飾花が咲く。また、温帯林の先駆樹種であり、伐採跡地に最初に生える種の1つである。材は硬く、木くぎ、杖、楊枝、かんじきの爪などに利用され、根材はパイプをつくる。高島市ではニベノキ、ニベという。

ユキノシタ科

ツルアジサイ／Hydrangea petiolaris

つる性落葉木／花期：6～7月、白色の花

分　布：北海道～九州
生育地：山地

　高島市内では、山地の林内に普通に生育する。ブナやミズナラなどの落葉樹林帯に入ると、高い幹を多数の気根を出して這い上り、ツタのように樹皮を覆い尽くしているツルアジサイが目を引く。初夏に咲く花はガクアジサイに似ており、周りを4萼片をもつ白い装飾花が取り囲み、中央に多数の小さな両性花をつける。葉は対生し、広卵形で縁に細鋸歯がある。よく似た木にイワガラミがあるが、こちらは装飾花の萼片が1枚である事から区別できる。和名のツルアジサイは、つる性のアジサイの意である。別名のゴトウヅルの語源は不明である。欧米では、ツタのように建物の壁面を覆う植物として利用されている。

ユキノシタ科

モミジチャルメルソウ / Mitella acerina
多年草／20～40cm／花期：4～6月、暗紫色を帯びた黄緑色の花

分　布：本州（京都、滋賀、福井の日本海側）
生育地：湿った山地、渓流沿い

　高島市内では、山地の渓流沿いにやや普通に生育するが、花崗岩地にはない。全国的には分布地の限られた植物で、レッドデータリストに掲載される貴重種である。果実の形が楽器のチャルメラに似ている所から名づけられたチャルメルソウ属の一種で、葉の形がモミジに似ている事によりこの名がついた。

ユキノシタ科

コチャルメルソウ／Mitella pauciflora

多年草／20～30cm／花期：4～6月、紅紫色の花

分　布：本州、四国、九州
生育地：山地の渓流沿い

　高島市内では、山地の渓谷沿いや周辺の湿った林内にやや普通に見られる。比較的安定した渓谷に生育し、マキノ町や岳山周辺の花崗岩地の渓谷では見られない。チャルメルソウの名前は、熟して裂開した果実の形が、管楽器のチャルメラに似ていることによる。チャルメルソウ属は多くが固有種で、分布の限られたものも多く、レッドデータ種もある。コチャルメルソウは、チャルメルソウに似ているが、花茎が短く、花の数も3～8個と少ない。高さは20～30cmと比較的小振りで、根茎は長く横に這い、花の後、地中に走出枝を伸ばす。花弁は紅紫色や淡黄緑色で、深く羽状に裂ける。

ユキノシタ科

ウメバチソウ /Parnassia palustris
多年草／10～50cm／花期：8～10月、白色の花

分　布：北海道～九州
生育地：山地の湿地

　高島市内では、山地の湿地に生育するが稀で、生育地は限られ個体数も少ない。平地から亜高山の湿地まで、幅広く生育する。高島市内では、モウセンゴケやミミカキグサなどの食虫植物と一緒に見られるが、近年、個体数が減少している。以前はマキノ町に多産したが、開発と採取により、激減した。滋賀県版レッドデータブックには、希少種として掲載される。県内全域での減少も著しい。花の形は白梅に似ていて、花の影が、梅鉢の紋に似ていることから名前がつけられた。根出葉は卵形で、長さ1.5～3cm、長い柄がる。夏、10～30cmの花茎を伸ばし、先に白い5弁花を1つつける。

ユキノシタ科

ヤシャビシャク/Ribes ambiguum

落葉小低木／30～50㎝／花期：4～5月、淡緑白色の花

分　布：本州、四国、九州
生育地：山地

　高島市内では、山地のブナ帯のブナやミズナラの大樹に着生するが、非常に稀。ヤシャビシャクは果実の形を夜叉の使う柄杓に見立てて名づけられた名前である。全国的に分布するが、ブナやミズナラなどの大樹に着生する事から、森林の伐採が進むにつれて減少し、レッドデータリストに掲載される貴重植物の1つとなっている。盆栽に仕立てられたり庭木として植えられる場合もある。全国的にも、テンバイ、テンノウメ、キウメなどと呼ばれる。スグリの仲間で、果実は食べられる。葉は腎円形から丸みを帯びた五角形で、全体に欠刻状の鈍鋸歯がある。高島市ではヤシャウメという。

ユキノシタ科

ヤグルマソウ / Rodgersia podophylla

多年草／約1m／花期：6〜7月、白色の花

分　布：北海道（西南部）、本州
生育地：山地の林床

　高島市内では、山地のやや湿り気のある林縁部に生育するが稀。湿った林床に生え、しばしば大きな群落をつくる。和名は5枚の小葉が掌状についた複葉の形から、端午の節句の鯉のぼりにそえる矢車になぞらえてつけられた。根生葉は長さ50cmにもなる柄をもち、小葉は長さ40cm、幅30cm、倒卵形で細い鋸歯がある。花茎は高さ1mに達し、直立し、小さな花を密生する。数個の茎葉を互生し、頂に円錐状の花序をつける。花序の枝は始めは渦巻き状にまいている。花は小さく、花弁がなく、萼片だけがある。

ユキノシタ科

ダイモンジソウ／Saxifraga fortunei var. incisolobata

多年草／5～40cm／花期：7～10月、白色の花

分　布：北海道～九州
生育地：山地の渓谷沿い

　高島市内では、平地から山地の沢沿いの湿地や岩上に生育するが稀。和名は白色の5枚の花弁が「大」の文字に見えるところから名づけられた。葉は多肉質の腎円形で、基部は心臓形にくびれる。縁は掌状に浅く5～17裂し、長毛が生える。果実は卵形で小さい。本種は地域によって葉の形、花の色などに変異が多い。

よく似たジンジソウは垂れ下がった2枚の花びらが「人」の字に見えるので区別できるが、花のない時期は見分けにくい。そこで葉を漂白して顕微鏡で葉肉中を見るとその中にあるシュウ酸カルシウムの結晶が金平糖状だとダイモンジソウ、針状だとジンジソウという事ではっきり区別できる。

ユキノシタ科

ユキノシタ /Saxifraga stolonifera
多年草／20～50cm／花期：5～7月、白色の花

分　布：本州、四国、九州
生育地：湿った岩上

　高島市内では、平地の人家周辺の石垣や薄暗い林内にやや普通に生育する。梅雨の頃、水のしたたる岩陰などに群落をなして白い花を多数咲かせる。庭などにもよく植えられており、なじみの深い草である。円錐状の集散花序に白色花をつけ、花は一見地味だが、小さな3枚の花弁には赤と黄色の斑点があり、その下に細長く白い2枚の花弁が垂れ下がって結構洒落ている。葉は腎円形で表面に毛が密生し、葉脈に沿って白斑がありやや肉厚で、てんぷらなどにすると美味しい。茎は紅紫色で糸状の走出枝を多数出して繁殖する。和名の「雪の下」は白い花を雪に見立てたとか、雪の下に見える葉の緑が印象的なのでついたとか諸説ある。中国ではその葉の様子から「虎耳草」と呼ばれ漢方にも用いられる。

ユキノシタ科

イワガラミ / Schizophragma hydrangeoides
つる性落葉木／花期：5〜7月、白色の花

分　布：北海道〜九州
生育地：山地

　高島市内では、山地の林内や林縁部、崖にやや普通に生育する。幹から空気中に気根を出し、岩や木に絡みついて這い上がることからこの名がついた。ツルアジサイとよく似ているが、ツルアジサイの装飾花が3〜4の萼片からなるのに対し、イワガラミの装飾花は卵形をしたものが1つつく。イワガラミのつるを切って汁を飲むと甘酒の味がするので、アマザケカズラともいう。葉は広卵形で対生し、長さは5〜16cm、洋紙質で鋸歯があり、表面には主脈にそって白色の毛がある以外は無毛。その年の新しい枝の先に、大きくてやや平たい集散花序をつける。花弁は5枚あるが開かず、先がくっついたままでとれてしまう。雄しべの花柱は1本。蒴果は倒円錐形で、熟すと10個の稜の間で裂け、そこから種子が落ちる。学名の Schizophragma はギリシャ語で「裂ける壁」を意味し、果実の割れ方からつけられた。

ユキノシタ科

ズダヤクシュ／Tiarella polyphylla
多年草／10〜40cm／花期：6〜8月、白色の花

分　布：北海道、本州（近畿以東）、四国
生育地：ブナ林〜亜高山針葉樹林

　高島市内では、マキノ町に生育するが稀で、生育地も限られ個体数も少ない。北海道、本州、四国、九州のブナ林から亜高山の針葉樹林下に普通に生育するが近畿では滋賀県だけ。昭和初め、当時滋賀女子師範学校の教員であった、橋本忠太郎氏により、マキノ町で発見された。自生地は、踏みつけ等もあり、生育地の環境が変化している。南回り型分布、または、飛び越し型分布だと考えられている。近県では福井県の大野、勝山などに分布する。根茎は細く、走出枝を出し、根生葉の葉柄には腺毛が密生する。葉は浅く5裂し、幅2〜8cm。和名由来は、喘息のことをズダと言い、ズダに効く薬種（薬の材料）とと言う意味でつけられた。

タコノアシ／Penthorum chinense

ユキノシタ科

抽水〜湿性多年草／30〜80㎝／花期：8〜10月、黄緑色

分　布：本州、四国、九州
生育地：平地の泥湿地、沼、水田、河原

　高島市内では、琵琶湖岸やヨシ原に生育するが稀。県内では、琵琶湖岸の内湖周辺や河川敷など、水位が変動するような場所にも多く、時には群生する。安定した立地より、攪乱により増える、パイオニア的な性質も持っている。生育環境の変動が大きい、河川沿いの湿地に群生する場合もある。和名は、花序の枝が多数ならび、吸盤のついたタコの足に似ていることによる。レッドデータブックに掲載される貴重種で、特に高島市内では自生地が限られる。河川下流部にツルヨシなどとともに生育するが、若芽や葉を煮てから、よく水にさらして食用にされる場合がある。

バラ科

キンミズヒキ / Agrimonia pilosa var. japonica

多年草／0.3〜1m／花期：8月、黄色の花

分　布：北海道〜九州
生育地：山野、路傍

　高島市内では、平地から山地の林縁、路傍に普通に生育する。山野を歩いていると、タデ科のミズヒキに似た穂状の黄色い花をよく見かける。黄色い水引の意でキンミズヒキ（金水引）という。容易に採取でき、姿に風情があるので茶花などにも使われる。風雅な名や姿に似合わず生命力は強く、種子のほか地下茎でも繁殖し、大きな株をつくる。葉は互生し、5〜9枚の小葉からなる奇数羽状複葉で、粗い鋸歯がある。秋には果実の外側にある萼筒の鋭い刺毛が動物の毛や衣類によくつき、これも種子の散布に役立っている。山地にはキンミズヒキより小さなヒメキンミズヒキが多い。

バラ科

ヤマブキショウマ / Aruncus dioicus var. tenuifolius

多年草／30〜80cm／花期：6〜8月、黄白色の花

分　布：北海道〜九州
生育地：山地

　高島市内では、山地の路傍、林縁部に生育するがやや稀。葉がヤマブキに似たショウマである事から「山吹升麻」と呼ばれる。和名の「ショウマ」は複葉を持つ、小さな花を長い花序につける草によくつけられる名前で、「ヤマブキ」は葉の様子がヤマブキに似ていることからつけられた。ヤマブキショウマは、茎の先の複総状円錐花序に小さな黄白色の花を多数つける。ユキノシタ科のトリアシショウマやアカショウマに非常によく似ているが、花をみるとユキノシタ科の方が合生した2心皮をもつのに対し、離生した3心皮をもつ事から区別できる。葉は2〜3回3出複葉で互生し、重鋸歯がある。果実は袋果を下向きにつける。

バラ科

ヘビイチゴ /Duchesnea chrysantha

多年草／20〜40cm／花期：4〜5月、黄色の花

分　布：北海道〜九州
生育地：田の畦、草地

　高島市内では、平地の路傍、籔、農耕地周辺に普通に生育する。一見食べられそうだが、実を割るとスカスカしていて汁も甘味もない。有毒ではないが、おいしくもないので「蛇苺」と名づけられたのであろう。この果実のように見える赤い実は花床がふくらんだものであり、本当の果実はその表面に多数ある皺の多い小さな粒（痩果）である。匍匐枝を長く伸ばして繁殖する。葉は黄緑色で互生し、卵形で重鋸歯のある3小葉からなり、柄の基部には托葉がある。

バラ科

シモツケソウ / Filipendula multijuga

多年草／40〜80cm／花期：7〜8月、淡紅色の花

分　布：本州（関東地方以西）、四国、九州
生育地：山地の草原、渓流沿い付近

　高島市内では、山地の林縁、草地、尾根などに生育するがやや稀。バラ科の落葉低木にシモツケという植物がありこちらが基本である。和名は、シモツケに似ていて草であることから名づけられた。シモツケソウは高原の女王と呼ばれ、信州などの高原を彩るが、伊吹山や比良山地をはじめ、県内の山地にも群生地が見られる。乾燥した尾根筋にも生育するが、渓流沿いの山地で見る事も多い。葉は羽状複葉で、頂小葉は大きく掌状に5〜7裂し、その下に小さな側小葉が数対ならぶ。

バラ科

ダイコンソウ／Geum japonicum
多年草／25〜60㎝／花期：7〜8月、黄色の花

分　布：北海道南部〜九州
生育地：丘陵地、山地の林内、林縁

　高島市内では、平地から山地の林縁や林床、林道沿いに普通に生育する。特に、林道沿いのやや薄暗い環境で、様々な植物が密生するような場所に多い。このような場所は動物により種子が運ばれた植物が多いが、ダイコンソウも、花後伸びた花柱の先がかぎ状となり、動物散布型の種子をつける。花は黄色で、径1.5㎝。草丈は30〜50㎝となる。1本の茎にいくつもの花をつけることはなく、まばらにつけるが、比較的花が大きいことと、緑の中で鮮やかな黄色が、薄暗い林内でも良く目立つ。和名は、深く切れ込んだ羽状複葉の根生葉が、ダイコンの葉に似ていることによる。複葉の先の葉は丸くて他の葉にくらべ、特に大きい。

バラ科

ヤマブキ /Kerria japonica
落葉低木／1〜2m／花期：4〜5月、黄色の花

分　布：北海道〜九州
生育地：丘陵地、山地の谷沿い

　高島市内では、山地の林縁、谷沿い、林道沿いなどに普通に生育する。山地の谷沿いではやや湿ったところに多く、花色が鮮やかな黄金色（いわゆる山吹色）で美しい事から庭などにもよく植栽される。和名は「山振」が変化したもので、根もとから叢生する多数の細い枝がしなって風でゆれる様子からつけられた。葉は互生し、質は薄く狭卵形で先は鋭く尖り、縁に不揃いの重鋸歯がある。花のあと、広楕円形から円形の痩果が輪状につく。園芸品種の八重咲きのヤエヤマブキもあるが、こちらは果実がつかない。

バラ科

ズミ／Malus toringo
落葉高木／6〜10m／花期：4〜6月、白色の花

分　布：北海道〜九州
生育地：山地、湿地周辺

　高島市内では、山地の湿地周辺、日当たりのより斜面に生育するがやや稀。固く割れにくいズミの材は斧や鍬の柄として利用され、リンゴの台木としても用いられてきた。樹皮から採れる染料は絹や木綿を美しい黄色に染める。和名は染料を表す「染み」から名づけられた。果実の形から「小林檎」、「小梨」、「山梨」、花が似ていることから「姫海棠」、「三葉海棠」などの別名がある。短い枝はしばしば刺状となり、若枝は赤褐色、普通白軟毛がある。葉は卵形または楕円形で長さ2〜10cm、長枝につく葉は普通短枝のものより大きく、しばしば3〜5ヶ所、裂け目が入る。4〜6月に4〜8個の花が短枝の先に散状につく。小花柄は長さ2〜4cm、花は直径2〜4cm。蕾の頃は紅色で開花後、普通白色になる。果実は秋に赤熟または黄熟し、直径5〜10mm。

バラ科

ヒメヘビイチゴ/Potentilla centigrana

多年草／20～40㎝／花期：6月、黄色の花

分　布：北海道～九州
生育地：山地の林縁

　高島市内では、山地の路傍、林内に生育するがやや稀。県内の分布は北に偏り、朽木、今津町では比較的多い。ヘビイチゴを一回り小さくしたような植物で、小さな花が、山中のやや湿り気の多い山道に沿って咲く。群生する事が多く、花の時期には緑の中に黄色い花がよく目立つ。花は葉腋から出た花柄の先に1個つける。葉は3出複葉で長い柄があり、裏面は白っぽい。名前の「ヒメ」は小さい物につけられる言葉で、小さなヘビイチゴの意味である。

189

バラ科

ミツバツチグリ／Potentilla freyniana

多年草／約20cm／花期：3～5月、黄色の花

分　布：北海道～九州
生育地：平地の田畑、山地

　高島市内では、平地の日当たりのよい草地にやや普通に生育する。近縁のツチグリの根は紡錘形で、栗の実に似ていて食用となることから「土栗」といわれる。このツチグリに似ていて、葉が3出複葉なので、ミツバツチグリ（三ツ葉土栗）と名づけられた。ただ、ミツバツチグリの根は紡錘形にならず、食べることもできない。小葉は長楕円形で光沢はなく、葡萄枝を伸ばして繁殖する。

花は集散状に枝分かれした高さ20cm程の花茎の先に、径1.5cmの5弁花を咲かせる。早春のまだあまり花のない時期に咲くのでよく目立ち、時に群生する。一見、ヘビイチゴのように見えるがイチゴのような赤い果実はできない。他にもよく似た種類としてキジムシロがあるが、こちらは1～6対の小葉がある。

バラ科

カマツカ／Pourthiaea villosa var. laevis
落葉低木〜小高木／2〜5m／花期：4〜5月、白色の花

分　布：北海道〜九州
生育地：山地、丘陵地

　高島市内では、平地から山地の林内に普通に生育する。低山の林内では比較的多く、春、枝先に白い5弁花が散房状にまとまって咲くのでよく目立つ。材は緻密で堅く、鎌などの柄にした事から「鎌柄」の名がつけられた。ウシコロシという物騒な別名もあるが、これはこの材を牛の鼻輪にしたためとか、鼻輪を通す穴あけに用いられたためとかいわれている。葉は洋紙質で互生し、倒卵形で先は鋭く尖り、縁に細かい鋸歯がある。秋には果実が真っ赤に熟して美しく、この果実は酸味が強いが食用となる。

バラ科

ウワミズザクラ /Prunus grayana

落葉高木／10〜20m／花期：4〜5月、白色の花

分　布：北海道（西南部）〜九州（熊本）
生育地：山地

　高島市内では、山地の落葉広葉樹林内に普通に生育する。春、開葉と同時に木全体に試験管ブラシのような白い総状花序を多数つける様子は壮観で、一度見たら忘れられない。葉は互生し、長楕円形で先は鋭く尖り、縁に鋸歯がある。基部には蜜腺がつく。果実は黒熟すると甘く、食べられる。和名は、古代、シカの肩甲骨の裏に溝をつけて火で燃やす占いを行った際、この木を燃やした事から「裏（占）溝桜」とつけられたといわれる。樹皮は桜細工に、材は建築、器具、彫刻などに用いられる。新潟県では若い果穂で「杏仁子酒」と呼ばれる果実酒がつくられ、香りがよく不老長寿に効があるといわれている。高島ではクリネカズラ、クリマメという。

バラ科

キンキマメザクラ / Prunus incisa ssp. kinkiensis
落葉大低木または小高木／3〜8m／花期：3月下旬〜5月上旬、白色〜淡紅色の花

分　布：本州（北陸、近畿、中国）
生育地：山地、丘陵地

　高島市内では、山地の林内や林縁部に普通に生育する。マメザクラの仲間は変種が多く、キンキマメザクラは近畿地方を中心に分布する事からこの名がつけられた。形態的には、萼筒が長い鐘形である事からマメザクラと区別できる。早春、開葉と同時に小さな花を葉腋から1〜2個下垂し、花の少ない山中ではよく目立つ。庭木や盆栽などにも利用される。葉は互生し、倒卵形で縁に重鋸歯がある。果実は球形で、黒熟すると甘みがある。

バラ科

ヤマザクラ / Prunus jamasakura

落葉高木／20〜25m／花期：4月、淡紅色の花

分　布：本州（太平洋側は宮城、日本海側は新潟以西）、四国、九州
生育地：山地

　高島市内では、平地から山地の林内にやや普通に生育する。現在、花見といえば明治になって広がったソメイヨシノが主流であるが、それ以前の花見は多くの場合、ヤマザクラであったと思われる。樹皮は暗紫褐色で、光沢があり横向きの皮目が目立つ。若芽は開花時にかなり開き、普通、紅褐色する事が多いが、褐色、黄緑色、緑色と変化に富む。葉は互生し倒卵状楕円形で、はじめはまばらに毛のあることが多いが、後無毛。葉には鋭尖状の単鋸歯または2重鋸歯があり、葉柄の上部には2個の腺点がある。花は、白色、淡紅紫色、淡紅色など変異が多い。サクラは古くから野生のものを庭に植え観賞されるとともに、多くの品種が作り出されてきた。寛政から天保の頃にはすでに250種程あったといわれているが、明治維新以降急激に減少した。

バラ科

エドヒガン（アズマヒガン）／Prunus pendula

落葉高木／約20m／花期：4月、淡紅色の花

分　布：本州、四国、九州
生育地：山地

　高島市内では、マキノ町から今津町にかけてやや普通に生育するが、自生地は限られる。和名は江戸彼岸桜で、花期が早く、彼岸の頃には咲くことからつけられたが、江戸は原産地を表すわけではない。市内には、清水の桜をはじめ、大樹、名木が多いが、墓地などのものは植えられたものと考えられ、本来の自生地は百瀬川上流部と昔の百瀬川が作った扇状地と考えられる。長寿でかつ大樹になることから、全国各地に老樹、名木も多く、根尾谷の薄墨桜など、天然記念物に指定されているものも多い。暖地では3月下旬が開花期で、高島市内でも4月に入ると開花が始まる。花色は淡紅色から紅紫色で、がくの下部はまるく膨れる。別名、アズマヒガン（東彼岸）、ウバヒガン（婆彼岸）ともいう。

バラ科

ノイバラ／Rosa multiflora

落葉低木／約2m／花期：5〜6月、白色の花

分　布：北海道（西南部）〜九州
生育地：低地、山地

　高島市内では、平地の林縁、荒地、河原などに普通に生育する。ノイバラが存在感を示すのは、なんといっても花の時期である。西洋のバラに比べると派手さはないが、素朴な野趣を感じる。昔から詩歌にも歌われ、金子みすずの童謡に「野茨の花」がある。落葉低木だが、樹木や岩、塀などによじ登るように生育する。花が終わり、秋になると赤い実ができる。華材として花屋で販売され、最近は、手作りのリースなどにも盛んにつかわれているのをみかける。ただ、この実は、バラ科としてはやや例外的で、有毒である。葉は奇数羽状複葉で、小葉は3〜4対あり、卵形〜長楕円形。托葉は、櫛状になり葉柄につく。よく似た種類に、テリハノイバラがある。高島市では、湖岸や河川敷などに生育するが、葉の表面に光沢があることと、托葉は櫛状とならず、細かい鋸歯縁となる。

バラ科

フユイチゴ／Rubus buergeri

常緑つる性低木／花期：8～10月、白色の花

分　布：本州、四国、九州
生育地：平地、山地の林内

　高島市内では、平地から山地の林内に普通に生育する。アカマツ林や乾燥した尾根にはなく、平地の竹藪や社寺林など、日陰でやや湿り気のあるような環境を好み、時には群生する。実は、晩秋から冬にかけて赤く熟し、鳥や動物の貴重な食料となる。また、昔から、子ども達が好んで口にする木の実の1つである。バラ科キイチゴ属のつる性の低木である。キイチゴ属の植物は北半球に多く、3000種程知られている。いずれも同じような実をつけ、ラズベリー、ブラックベリーなど、果樹として有用なものを多く含んでいる。日本にも、30数種が分布しすべて毒はなく、食べられる。果樹など木の実を付けるものには成り年と不成り年が交互にやってくる。低木であるフユイチゴも、たくさんの実をつける年とそうでない年がある。

197

バラ科

クマイチゴ / Rubus crataegifolius

落葉低木／1〜2m／花期：4〜6月、白色の花

分　布：北海道〜九州
生育地：山地の林縁、伐採跡地

　高島市内では、山地の林縁部や荒地に普通に生育する。茎に扁平な刺が多いキイチゴ。和名は「熊苺」で、熊が食べる苺の意とされるが、熊と直接結びつくような特徴はない。果実は球形で赤く熟すと、甘酸っぱく食べられる。茎は直立し、鉤形の頑強な刺が生え、暗紫色の斑点がある。株立ちになる事があり、よく枝を分け、毛は少ない。中国では茎皮を繊維原料にするといわれる。葉は有柄で互生し、広卵形または卵円形で、3〜5浅裂または中裂する。縁には欠刻鋸歯があり、裏面の脈上に開出毛がある。花枝（2年目の枝）につく葉は、花をつけない1年目の枝の葉に比べ小さい。葉柄にも鉤形の刺がつく。枝先と葉腋から花序を出し、数個の花が球形に咲く。花弁、萼片共に5個で平開する。萼は杯形で毛が多い。

バラ科

ミヤマフユイチゴ／Rubus hakonensis

常緑つる性低木／花期：8～10月、白色の花

分　布：本州、四国、九州
生育地：平地～山地の林内

　高島市内では、平地から山地の林内で普通に生育する。草のように見えるが、つる性の常緑低木。つるは地面を這い、先に小苗をつくり増える。フユイチゴと大変よく似ているが、葉の先端が鋭くとがり、茎には小さな刺があり、葉の両面とも毛は少ない。フユイチゴに比べるとやや山地に多いが、両種は同じような環境に生育し、隣接して生育する場合も多い。フユイチゴの仲間を図鑑で調べると、記述に合わないものがよく見つかる。両種が隣接する場合は、近縁のフユイチゴとの間に雑種をつくるなど、分類が難しい植物の1つである。和名は、冬に果実が熟す深山イチゴの意味。

バラ科

クサイチゴ／Rubus hirsutus

落葉小低木／20〜60㎝／花期：3〜4月、白色の花

分　布：本州、四国、九州
生育地：平地、山地の林縁

　高島市内では、平地から山地の林縁に生育し、やや普通。比較的日当たりのよい場所を好み、林道沿いの林縁部に多い。全国的には、ごく普通な植物で、滋賀県内にも多い。花は白色で、径が約4㎝と大きく、開花の時期は遠目にも良く目立つ。落葉の小低木であるが、地下茎が長く伸び、新苗をつくり増えていくことから、時に群生する。葉は、奇数羽状複葉で、小葉は1〜2対。卵状披針形で、先は尖る。茎には軟毛と腺毛が生え、短い刺がまばらにある。5〜6月ごろ、1㎝程の赤く熟した実ができ、食べられる。和名は、草苺で、草のよう見える苺の意味。初夏、地下茎から伸びた新苗は草状で、柔らかいことによる。別名、ワセイチゴ、ナベイチゴと言う。

バライチゴ /Rubus illecebrosus

落葉小低木／30〜70cm／花期：6〜7月、白色から淡紅色の花

分　布：本州（中部以西）、四国、九州
生育地：山地の林縁

　高島市内では、平地から山地の林縁部にやや普通に生育する。漢字で「薔薇苺」と書き、茎や葉の中脈につく鋭い鉤刺および葉の形がバラを思わせることから命名。地下茎が長く伸び、所々で花枝を立ち上げ、高さ30〜70cm。全体に無毛だが、尖った刺を散生し、さわると痛い。葉は互生し、3〜7小葉からなる羽状複葉。小葉は披針形で先は尖り、縁には重鋸歯がある。花は枝の先に散房状につき、1〜6個の5弁花が下向きに開く。果実は球形で大きく、秋に赤く熟し、酸っぱいが食べられる。

バラ科

ニガイチゴ／Rubus microphyllus
落葉小低木／30〜90㎝／花期：4〜5月、白色の花

分　布：本州、四国、九州
生育地：山野の荒れ地

　高島市内では、山地の林縁部や荒地に普通に生育する。和名は「苦苺」で、果実の核が苦い。茎は立ち、高さ30〜90㎝、よく分枝する。粉白色で、刺が多い。上方はしばしば下に垂れる。葉は互生し、広卵形で、多くは3浅裂する。裏面は白く脈上に小さな刺がある。花は4〜5月、枝の先に普通1個、稀に2個つき、上向きに咲く。果実は、赤熟し、甘いが少し苦みがある。

バラ科

ナガバモミジイチゴ／*Rubus palmatus*

落葉低木／約2m／花期：4～5月、白色の花

分　布：本州（近畿、中国地方）、四国、九州
生育地：山野の荒れ地、路傍

　高島市内では、山地の林縁部や荒地に普通に生育する。モミジイチゴの名はその葉の形がカエデに似ているところからつけられ、また、葉が長いところからナガバとつけられた。茎は長さ2m内外に達し、弓なりに傾き、よく分枝し、刺がやや多い。花は白色で4～5月、下向きに咲く。果実は球形、橙黄色で、甘くておいしい。

203

バラ科

ナワシロイチゴ/Rubus parvifolius
落葉小低木／15〜30cm／花期：5〜6月、紅紫色の花

分　布：北海道〜九州
生育地：山野

　高島市内では、平地や山地の林縁部に普通に生育する。6月の苗代の頃、果実が赤く熟す事より、その名がついた。葉は、花枝では3小葉、花のつかない枝では5小葉となり、欠刻のある鋸歯がある。葉腋から花枝をまばらに出し、散房状の花序をつける。果実は球形で赤熟し、食べられる。

バラ科

マルバフユイチゴ（コバノフユイチゴ）／Rubus pectinellus

常緑小低木／10〜20㎝／花期：5〜7月、白色の花

分　布：本州、四国、九州
生育地：山地の林床

　高島市内では、山地の落葉広葉樹林内に生育するがやや稀。フユイチゴに比べ、葉の形が丸みを帯びる。別名はコバノフユイチゴで、こちらはフユイチゴに比べて葉が小さい事からの命名。茎には毛のほかに、刺も生えている。葉は円心形で通常中心部は暗紫褐色を帯びる。花枝の先に1個の白花を開く。果実は球形でフユイチゴとは異なり夏に赤く熟す。托葉がいつまでも残る特徴がある。

205

バラ科

コジキイチゴ /Rubus sumatranus

落葉小低木／1〜2m／花期：5〜6月、白色の花

分　布：本州、四国、九州
生育地：平地、山地の林縁、荒地

　高島市内では、平地や山地の道ばたや林縁部など日当たりのよい所に生育するがやや稀。樹形は株立ちとなり、小さな株では横に這うように伸びる。葉は奇数羽状複葉で、小葉は2〜4対つき、長卵形から披針形で、縁には不ぞろいの鋸歯がある。茎や枝には紅紫色の腺毛が密生し、まばらに鉤状の刺がある。果実は長楕円形で、長さ1.5cm、黄色く熟す。コジキイチゴのことを別名フクロイチゴと言うが、果実は中が空洞で、袋状となる。和名の由来は、昔、強飯を蒸すのにつかった器の甑に似ていることからつけられた。暖地性の植物で、高島市内では平地に自生する程度だが、本種に似ていて、茎に紅紫色の腺毛を密生するエビガライチゴは、山地の荒地などに多い。葉の形と、葉の裏が白いことで見分けられる。

バラ科

ワレモコウ／Sanguisorba officinalis

多年草／0.7〜1m／花期：8〜10月、暗紅色の花

分　布：北海道〜九州
生育地：丘陵地、山地の草原

　高島市内では、平地の河川敷、山地の草地や田の畦に生育するがやや稀。古くから、ハギやオミナエシとともに秋を彩る花として親しまれ、古来より、源氏物語、徒然草などの文芸作品にもその名が登場する。和名の由来についてはいくつかあり、小さいながらも紅の花をつける事から「我も紅」と主張しているとみなされ、名づけられたという説や、モッコウ（木香）と根の形が似ている事から「我が国のモッコウ」が訛って名がついたという説などがある。ワレモコウの仲間は。バラ科の中でユニークな存在で、花弁がない。このことから虫媒花から風媒花への途中にあるととらえられている。葉は奇数羽状複葉で、小葉は楕円形で5〜11枚。茎は枝分かれし、先に暗紅色の小さな花が多数集まった花穂をつける。根にはタンニンやサポニンを含み、漢方で止血、解熱剤として利用される。

バラ科

ナナカマド／*Sorbus commixta*

落葉小高木／6〜8m／花期：6〜7月、白色の花

分　布：北海道〜九州
生育地：山地

　高島市内では、山地の日当たりのよい林縁部や林道沿いに生育するがやや稀。秋に燃えるような紅葉がよく目立つ。落葉後に残る赤い実も美しく、この実をめがけて野鳥や獣がやってくる。和名の由来は、7回かまどに入れても燃え残る、または炭ができるまでに7つのかまどを変わるほど材が堅く、燃えにくい事による。この木を庭に植えると雷避けになるといういい伝えから、「雷電木（らいでんぼく）」の別名もある。北海道では多くの都市で「市の木」に指定されているが、これは葉の散ったあとも赤い実が楽しめる事の他に、花言葉に安全、慎重、用心とあり、街路樹に用いる事により、交通安全、事故防止の願いも込められている。街路樹、庭園樹、公園樹とされる他、堅い材は耐久力もあるので、ろくろ細工、彫刻用材に利用される。葉には鋭い鋸歯があり、裏面の色が淡い。ほぼ球形の果実は光沢のある朱紅色で、種子を3個持つ。

バラ科

ウラジロノキ / Sorbus japonica

落葉高木／10〜20m／花期：5〜6月、白色の花

分　布：本州、四国、九州
生育地：山地

　高島市内では、山地の落葉広葉樹林内にやや普通に生育する。秋には紅葉し、果実も赤熟して美しい。葉の裏面は白く、落葉後もその白さが残る。新緑の頃には、木全体が緑白色に輝いているようにも見える。果実は食べられるが、タンニンが多いために苦みがある。材は箱などを作る器具材に利用される。自然に樹形が整い、生長が速く、萌芽力も旺盛で、剪定にも耐えるために庭木として植えられる事もある。葉は互生し、ほぼ卵形をなし、縁には粗い鋸歯があって、裏面には白綿毛が密生している。果実は10月に赤熟する。種子は1果に4個あり、紫黒色で細長い楕円形をしている。

バラ科

ザイフリボク／Amelanchier asiatica
落葉小高木〜高木／5〜15m／花期：4〜5月、白色の花

分　布：本州（岩手以西）、四国、九州
生育地：山地

　高島市内では、山地の落葉広葉樹林内に生育するが稀。日の当たる尾根筋や斜面に生育し、春、開葉と同時に一面に白い花をつけ、遠くからでもよく目立ち美しい。和名は、白い線形の花弁が集まってつく様子が、昔、武士の大将が使った采配に似ていることからつけられた。また、別名のシデザクラは、この花の様子を神前に捧げる幣になぞらえてつけられた。葉は倒卵形から楕円形で、先は鋭く尖り縁に細鋸歯がある。球形の梨状果をつけ、黒紫色に熟し、頂部には萼片を残す。

マメ科

クサネム／Aeschynomene indica

1年草／0.5～1m／花期：8～10月、淡黄色の花

分　布：北海道～九州
生育地：水田、川のほとり

　高島市内では、水田、水田跡地や川岸、田んぼの畦などに普通に生育する。特に、放棄水田などでは、群生しているのを良く見かける。樹木のネムノキと同じマメ科で、花が終わるとさやができ、中に4～8個のマメを作る。草丈は0.5～1m、葉は偶数羽状複葉、小葉は線状長楕円形で20～30対ある。花は、淡黄色で、蝶形花。旗弁の基部に赤褐色の斑点があるのが特徴。カワラケツメイに良く似ているが、茎の上部は中空であることにより区別できる。名前は、ネムノキに良く似た草であることによる。マメ科でよく知られる睡眠運動はクサネムでも同様で、光や温度の刺激に対して反応し、開閉運動を行う。夏の季語で、詩歌にも良く歌われる。

マメ科

ネムノキ/Albizia julibrissin
落葉小高木～高木／5～10m／花期：6～7月、淡紅色の花

分　布：本州、四国、九州
生育地：原野、林縁、川岸

　高島市内では、平地の湖岸沿いや林縁部、林道沿いなどにやや普通に生育する。和名は、夕方になると小葉を閉じて垂れ下がり、眠っているかのように見える事に由来する。一方、枝の先端に10～20個の花が集まって夕方に咲くので、梢がピンクの花束で飾られたように見える。この様子は古くから詩歌に詠まれ、人々に親しまれてきた。材は粘り強く、腐りにくいので、鎌や斧の柄、建築材、屋根裏などに用いられている。滑らかで灰褐色の樹皮はタンニンを含み、薬用として、打ち身、咳止めに使われてきた。葉は互生し、偶数羽状複葉で、7～9対のほぼ対生する羽片があり、各羽片に小葉を15～30つける。小葉の上面は光沢のある緑色をし、下面は粉白色で夜間に睡眠現象を示す。果実は10月頃に成熟し、扁平なさやの中には10～18個の種子がある。高島市ではネビノキという。

マメ科

ヤブマメ / Amphicarpaea bracteata ssp. edgeworthii var. japonica

つる性一年草／花期：8～10月、淡紫色の花

分　布：北海道～九州
生育地：路傍、野原、林縁

　高島市内では、平地の道ばたや草地、農耕地に普通に生育する。地上には普通の花と閉鎖花、地下には閉鎖花をつけるというユニークな植物。日当たりの良いところから林の中の日陰まで、ごく普通に生えているため「藪豆」と名づけられたのだろう。葉は3小葉をもち、小葉は卵形から広卵形。葉の両面に伏した白短毛がある。花は長さ1.5～2cmの淡紫色で8～10月、総状花序に2～8個つく。地上の閉鎖花は葉腋に1～2個つく。地下の閉鎖花は、小葉の腋や地面に近い葉腋から伸びた枝から1個ずつ出て地中に潜って成熟する。果実は閉鎖花から熟する事が多く、地上果は長さ2.5～3cmの扁平なさやで、種子は暗褐色に黒斑が混じる。地中果は淡桃色か白色の球形で、種子は1個しか入っていない。

マメ科

フジカンゾウ / Desmodium oldhamii

多年草／0.5～1.5m／花期：8～9月、淡桃色の花

分　布：本州、四国、九州
生育地：山地の林内

　高島市内では、平地から山地の林内に生育するがやや稀で個体数は多くない。マメ科ヌスビトハギ属の植物。ヌスビトハギ属としては珍しく、葉は奇数羽状複葉で、2～3対となる。草丈約1.5mと大型で、花は総状花序となり数十㎝にもなるものもある。淡桃色～淡紅色の花は薄暗い林内でも良く目立つ。時にシロバナも見られる。花後できる果実は約1㎝で2つつき、鉤形の毛があり、動物にくっついて運ばれる。和名の「藤甘草」は、花がフジに似て、葉を薬用植物のマメ科のカンゾウに見立てたもの。カンゾウはシベリアから中国北部の原産で、日本では、醤油の甘味料などに使われるほか、エイズの治療薬としても注目される植物。

マメ科

ヌスビトハギ / Desmodium podocarpum ssp. oxyphyllum

多年草／0.6〜1.2m／花期：7〜9月、淡紅色の花

分　布：北海道〜九州
生育地：山野の林縁、林床、路傍

　高島市内では、平地から山地の林縁部に普通に生育する。マメ科の果実は、普通さや状の豆果で、熟すと裂けて種子が出てくるが、ヌスビトハギの果実は節果といって、節のところでバラバラになるのが特徴である。和名は、このバラバラになった小節果の形が、忍び足で歩く盗人の足跡に似ているところから名づけられた。また、この果実がいつの間にか衣服に着いている様を盗人と呼んだという説もある。これは、果実の表面に鉤状の毛が密生しており、近くを通る動物や人に簡単にくっつくところからきている。仲間をふやす巧妙な戦略の1つである。花の受粉機構にも特徴があり、虫が舟弁を押すと、中から急におしべが飛び出し、花粉をかける。葉は互生し、3個の小葉からなる複葉で、長い柄をもつ。

マメ科

ノササゲ / Dumasia truncata

つる性多年草／花期：8～9月、淡黄色の花

分　布：本州、四国、九州
生育地：低地の林縁、山地の林床

　高島市内では、平地から山地の林内、林縁部に普通に生育する。ノササゲ属は、ヤブマメ属やダイズ属に近縁で、アジアとアフリカに10種が分布し、日本にはノササゲ1種だけが自生する。和名は、野にあるササゲの意であるが、野原には生えないため、キツネササゲと改名すべきだという意見もある。葉は羽状の3小葉からなり、小托葉がある。小葉は質が薄く表面は無毛で、裏面は緑白色、頂小葉は長卵形。葉や萼に腺点はない。葉腋から伸びる花序に、長さ1.5～2cmの淡黄色の蝶形花を下向きに咲かせる。果実は4～5cmの倒披針形で無毛。熟すと濃紫色になって2片に裂け、3～5個の黒紫色、白粉をかぶった直径5mmのほぼ球形の種子が現れる。

マメ科

コマツナギ／Indigofera pseudo-tinctoria
草本状の小低木／50～60cm／花期：7～9月、淡紅色～白色の花

分　布：本州、四国、九州
生育地：路傍、草地、河原・海岸の砂礫地

　高島市内では、平地の河川敷や荒地、田んぼの土手などにやや普通に生育する。茎は細いが丈夫で、馬の手綱をつないでおいた事から、「駒つなぎ」の和名がつけられたという。また、馬の飼料にもなるため、馬を立ち止まらせるところから名づけられたという説もある。属名の Indigofera は「藍色をもつ」という意味で、同属の植物に、ジーンズなどを藍色に染める色素であるインジゴの原料となる種類がある事から名づけられた。しかし、コマツナギそのものは種小名の pseudo（偽という意味）が示すとおり、染料には使えない。花や若芽はゆでて食用とし、また、解毒など薬用とした。葉は互生し、奇数羽状複葉。7～11枚の小葉からなる。果実は豆果で、まっすぐな細い円柱形、熟すと茶褐色で質はかたい。

217

マメ科

ヤハズソウ/Lespedeza striata
1年草／10〜40cm／花期：8〜9月、淡紅色の花

分　布：北海道〜九州
生育地：原野、河原、路傍、空き地

　高島市内では、平地の道ばた、河川敷に普通に生育する。「矢筈」とは弓の弦を受ける矢の部分の事。ヤハズソウは小葉の側脈が、葉の縁まで達しているため、引っぱると側脈に沿ってV字形にちぎれ、ちょうど矢筈の形になるところから名づけられた。茎には下向きの毛がある。葉は互生し、3小葉からなる複葉で、小葉は長楕円形で先が円い。近縁のマルバヤハズソウは、ヤハズソウと一緒に生える事が多く、よく似ているが、小葉が広い倒卵形で先がへこみ、茎には上向きの毛がある点で区別できる。果実は扁平で、倒卵形から楕円形をしている。牧草、緑肥、土壌の侵食防止用として植えられ、とくに北米でよく利用されている。

マメ科

メドハギ／Lespedeza juncea var. subsessilis
多年草／0.6〜1m／花期：8〜10月、黄白色に紅紫色の斑紋がある花

分　布：北海道〜九州
生育地：草地、荒れ地、河原

　高島市内では、平地の日当たりのよい法面、河川敷などに普通に生育する。河原などにも生育し、茎はよく枝分かれして堅く、かなり丈が高くなる。葉は3出複葉で互生し、小葉は披針形から線形。ハギの仲間にしては地味な花を葉腋に2〜4個つけ、閉鎖花も多い。和名の語源は「筮萩」で、昔メドハギの茎50本を筒に入れて占いの道具（筮）に使ったためという。漢方では「夜関門」といい利尿薬として用いるほか、古くは籬や柴垣などの材料としても利用されていた。

マメ科

ツクシハギ／Lespedeza homoloba

落葉低木／1～2m／花期：8～10月、淡紅紫色の花

分　布：本州、四国、九州
生育地：山地、草地

　高島市内では、平地から山地の林縁や草地、河原などに普通に生育する。花の色が淡紅紫色とやや控えめなため、派手さはないが、秋の野山を彩る植物である。ハギには、ヤマハギ、ミヤギノハギ、マルバハギと仲間は多く、区別の難しい植物である。ツクシハギは葉の質がやや厚く、先端はすこしへこむ。葉の裏には微毛があり、がく裂片の脈は目立たないなどの特徴がある。高島市内には最も普通なハギだが、近年、道路の法面には様々なハギ類が吹き付けられ、混乱も見られる。名前のツクシは筑紫で九州のこと。ハギは、牛馬の飼料に適したものだという意味からつけられた葉木を意味する。また、生え芽の意味で、刈った後も株元から芽を出す性質をあらわしたものである。

マメ科

ネコハギ / Lespedeza pilosa

多年草／約1m（地面をはう）／花期：7～9月、白色の花

分　布：本州、四国、九州
生育地：丘陵地、低山地の道ばたや草地

　高島市内では、平地の路傍やスキー場など、日当たりのよい荒地に普通に生育する。他の草がまばらに生えるような乾燥地にも生育し、時に群生する。ハギと名が付くが、他のハギ類とは生活形が異なり、茎は長く伸び地を這いながら、1m程にもなる。葉は倒卵形～卵形で、全体に開出する毛が生える。白色の花の旗弁中央下部に紅紫色の斑点が2つあり、閉鎖花が、上部の葉腋につく。夏の頃、葉腋に数個の花をつける。和名は猫萩で、犬萩に対する名前。毛深く繊細なところは、どことなく猫を思わせる。

マメ科

ミヤコグサ / Lotus corniculatus var. japonicus

多年草／10〜40cm／花期：5〜6月、黄色の花

分　布：北海道〜九州
生育地：海岸や路傍

　高島市内では、平地の荒地、河川敷、道ばたなどにやや普通に生育する。和名は、昔この草が京都に多かった事によるといわれている。また花の形が烏帽子に似ていることから、エボシグサとも呼ばれる。茎は叢生して地に倒伏するか斜めに立ち上がり、時に群落をつくる。葉は3小葉だが2枚の托葉が小葉と同じ大きさで、5小葉の複葉のように見える。基部には2枚の葉が托葉状につき葉腋に柄を出し、先端に1〜4個の蝶形花を散形につける。花は長さ約1.5cmで美しい鮮やかな黄色。豆果は細い円筒形で長さ約3cm。熟すと2裂し、10個ほどの小さい種子を飛ばす。高島市でも最近は外来種のセイヨウミヤコグサが増えてきている。

クズ／Pueraria lobata

マメ科

つる性多年草／花期：8〜9月、紅紫色の花

分　布：北海道〜九州
生育地：山野

　高島市内では、平地の荒地、河川敷、林縁部から山地の林縁部まで普通に生育する。「萩が花尾花葛花撫子の花女郎花また藤袴朝貌の花」と詠まれた、秋の七草の1つ。地下には肥大した塊根があり、多量のデンプンを含み、葛粉となる。現在も、葛湯、葛切り、葛餅と様々な食品が作られている。茎の繊維からは葛布を織り、古代には庶民の衣料とされた。和名は、大和の国栖（奈良県）の人が、デンプンを売りに来たのでクズと名づけられたという説がある。葉は3小葉からなり、長柄があり、小葉は両面に白い毛を密生する。夏、葉腋に総状花序をつけ、長さ2cmの蝶形花を密につける。豆果は平たい線形で、褐色の長剛毛が密生する。他物にからみついたり、地を這いながらつるを伸ばし、10m近くにもなる。茎は非常に丈夫で、水につけ少し腐らせたものが、薪を束ねるのに使われていた。

マメ科

クララ /Sophora flavescens
多年草／0.8〜1.5m／花期：6〜7月、黄白色の花

分　布：本州、四国、九州
生育地：山野の草地、川原

　高島市内では、平地の草地にやや普通に生育する。葉は長さ15〜25cmで、奇数羽状複葉。15〜41枚の小葉からなる。花は、茎や枝先に長い総状花序をつけ、多数の蝶形花をつける。旗弁は大きく、強く反り返る。豆果は数珠状にくびれ裂開せず、4〜5個の種子がある。和名は「眩草」が詰まったもので、根をかむと目がくらむほどに苦いことによる。根には毒成分マトリンを含み、茎葉の煎汁を農作物の殺虫に散布したりした。漢方では、根の外皮を乾燥したものを「苦参」といい、苦味健胃剤や消化不良、腸カタル、皮膚病の治療に用いられる。

マメ科

アカツメクサ / Trifolium pratense

多年草／30〜80cm／花期：5〜10月、濃赤紫色〜淡紅色の花

ヨーロッパ原産の外来植物
生育地：平地の草地、路傍

　高島市内では、平地の道ばた、草地、牧草地に普通に生育する。別名はムラサキツメクサ、アカクローバー。アジア西部から中東地域が原産地で牧草として輸入されたものが、今では日本全国に野生化している。3枚の小葉からなる複葉で普通小葉にはV字型の白斑がある。葉柄は長く葉腋から次々に枝が出て、30〜80cmほどになる。花は30〜100個の小花が球状に集まってつき、シロツメクサより大きい。濃赤紫色から淡紅色、白色のものまであり、受粉したあと、シロツメクサのように果実が下を向く事はない。

225

マメ科

シロツメクサ / Trifolium repens

多年草／約20㎝／花期：5～10月、白色の花

ヨーロッパ原産の外来植物
生育地：平地の路傍、荒地、畑地

　高島市内では平地の道ばたから草地、堤防、河原、湖岸などに普通に生育する。外来植物であるが、全国の市街地や人里周辺に普通なつる性の植物。葉は普通3枚で、6～20㎝の長い柄がある。花は8～12㎜で、30～80個が集まり、頭状花序となる。花が終わると上向きの花が下向きとなる。これは、よく似たアカツメクサにはない性質である。別名は、クローバー、オランダゲンゲ、ホワイトクローバーなどがある。江戸時代、長崎に送られてきたガラス器具の詰め物としてつかわれたことから、詰め草の名がある。全国へは自然分布とともに、牧草や法面の緑化植物として盛んに播かれたことによる。シロツメクサの仲間は多いが、高島市内には、タチオランダゲンゲやコメツブツメクサ、クスダマツメクサ、ムラサキツメクサが生育する。

マメ科

コメツブツメクサ／Trifolium dubium

1年草／20〜40cm／花期：5〜7月、黄色の花

ヨーロッパから西アジアの原産外来植物
生育地：路傍や川原

　高島市内では、平地の草地、道ばた、公園などに普通に生育する。茎はよく分枝し、路傍や川原に群生する。葉は3小葉からなり、葉柄は長さ2〜5mmと短い。小葉は長さ0.5〜1cmの倒卵形。花序は直径7mmほどで、小さな蝶形花が5〜20個集まってつく。花は受粉すると垂れ下がり、そのまま乾いて残る。豆果はこの枯れた花弁に包まれて成熟し、長さ約2mmの楕円形になる。和名は、花や葉が小さい事からつけられたと思われる。

マメ科

クサフジ（ウマゴヤシ） /Vicia cracca

つる性多年草／0.8〜1.5m／花期：5〜9月、青紫色

分　布：北海道、本州、九州
生育地：山野の草地、林縁

　高島市内では、平地の林縁部や道ばた、草地にやや普通に生育する。紫がかった藍色の花を多数つけ、時に群生する。花序は総状花序で、片方にかたまってつく。また、フジの花が垂れるのに対して、こちらは立ち上がる。小葉はヤハズソウなどによく似た羽状複葉で、8〜13対、線状披針形で幅0.2〜0.6cm。先端の葉は分枝した巻きひげとなり、他の植物にからみつく。鞘は平たく、2〜3cmの狭長楕円形で、中には2〜6個の種子が入っている。県内には、よく似たヨーロッパ原産のナヨクサフジが生育し、まぎらわしいが花を比べると区別できる。和名は草藤で、この花を美しいフジに見立てて命名された。別名はウマゴヤシで、馬がよく食べることによる。

マメ科

スズメノエンドウ／Vicia hirsute

1～越年草／30～60cm／花期：4～6月、白紫色の花

分　布：本州、四国、九州
生育地：路傍、草地

　高島市内では、平地の道ばた、河川堤防、草地、畑地の周りなどに普通に生育する。カラスノエンドウ、スズメノエンドウ、カスマグサと同じ仲間の植物が、1ヶ所に重なり合うように生育するところも多い。葉は12～14対からなる偶数羽状複葉で、先が分枝した巻きひげとなる。花は、小さく長さ3～4mm。柄の先に数個ずつつく。果実は長楕円形で、表面には毛がある。種子は2個でき、やや扁平な球形で、黒くなる。和名は、雀野豌豆で、小さな野の豌豆の意味。カラスエンドウとスズメノエンドウの中間的な形質を持つものがカスマグサで、種子は5個できる。日本全国とアジア・ヨーロッパ・北アフリカに分布し、北アメリカに帰化している。

マメ科

カラスノエンドウ／Vicia angustifolia

1～越年草／約1.5m／花期：3～6月、紅紫色

分　布：本州～九州
生育地：路傍、草地

　高島市内の平地の道ばた、河川堤防、草地、畑地の周りなどに普通に生育する。つる性で、上の葉は巻きひげとなることがある。葉は偶数羽状複葉で、4～7対で、小葉は2～3cm。花は鮮やかな紅色で、葉腋に1～3個咲かせる。高島市内にはシロバナカラスノエンドウが時々見られる。豆果は3～4cmで、平たく無毛、熟すと黒くなる。花が終った後のさやは、今も昔も、子どもたちの遊び道具である。和名はカラス野豌豆で、スズメノエンドウに比べ大型の意味である。また、別名のヤハズエンドウは小葉の葉の先端が矢筈（矢の端の弦を付ける部分）状にへこむ事による。カワラエンドウ、ノエンドウの方言もある。

ヤブツルアズキ／Vigna angularis var. nipponensis

マメ科

つる性1年草／花期：8～10月、黄色の花

分　布：本州、四国、九州
生育地：草地

　高島市内では、平地の道ばた草地に普通に生育する。アズキの原種と考えられ、茎がつるとなり、葉や豆果が小さく、種皮が暗褐色であるほかは、ほとんどアズキと変わらない。茎や葉には開出する長毛があり、つるは長さ2～3mになる。葉は羽状複葉で、3小葉からなり、小葉は長さ3～10cmで、先は急に鋭く尖る。花は総状花序で腋生し、2～10花をつける。豆果は長さ5～10cmの棒状で、下向きにつき無毛。黒緑褐色に熟して裂開し、種子は楕円形で6～14個入る。

マメ科

フジ／Wisteria floribunda
つる性落葉木／花期：5～6月、淡紫色～紫色の花

分　布：本州、四国、九州
生育地：山林

　高島市内では、山地の林縁部やがけ地に普通に生育する。奈良時代にはすでにフジの鑑賞が行われていたようで、各地で栽培され名所も多い。朽木岩瀬の興正寺の借景となる弁天島にも、フジの大樹が生育する。葉は互生し、奇数羽状複葉で小葉は11～19個、長さ20～30cm。花は枝先に30～90cmの総状花序を垂れ下げ、基部から先へと順に咲いていく。豆果は10月頃に暗褐色に熟し、中に扁平な円形をした種子ができる。乾燥してくるとねじれるようにしてはじけ、中の種子を飛ばす。フジは別名ノダフジといい、大阪の野田がフジの名所だったことによる。フジの名は、花が「吹き散る」ことから名づけられたという。開く前の花は茹でて三杯酢にして食べ、種子は緩下剤になる。

> マメ科

ムラサキウマゴヤシ / Medicago sativa

多年草／0.3～1m／花期：5～9月、紫色の花

地中海沿岸原産の外来植物
生育地：平地の路傍

　高島市内では、平地の農耕地周辺に生育するが稀。日本に生育するウマゴヤシ属の中で、唯一紫の花を咲かせる。茎は直立して1m以上に達し、ほとんど無毛かまたは細毛がある。葉は互生し、3小葉からなり、小葉は長楕円形または倒披針形で、長さ1.5～3cm。先端は切形で微細な突起があり、基部はくさび形。夏、上部の葉腋から花柄が伸び、数個から20個ほどの蝶形花をつける。豆果は2～3回らせん状に巻き、中に多数の種子を入れる。栽培された最古の飼料植物といわれ、アルファルファと呼ばれる。アルファルファの名はペルシャ語の「最良の草」を意味する言葉からきている。明治の初年に渡来し、全国に野生化していった。近年滋賀県内でも見かけるようになったが、少ない。主に乾草として利用されるが、タンパク質やミネラル、ビタミン類が豊富で、飼料価値が高い。

マメ科

イタチハギ／Amorpha fruticosa
落葉小低木〜大低木／1〜2m／花期：6月、暗紫色の花

北アメリカ原産の外来植物
生育地：堤防、路傍

　高島市内では、平地の道ばたや河川堤防沿いにやや普通に生育する。別名クロバナエンジュ、ロシャハギという。大正初期に渡来し、戦後各地で砂防用、護岸用に植えられたたものが野生化している。樹皮は灰褐色で、若枝には赤褐色の毛が密生する。葉は有柄、互生し、6〜20対の小葉からなる偶数羽状複葉。花序は枝先につき、穂のような総状花序に暗紫色で長さ約8mmの花を多数つける。花序の長さは6〜20cmで花冠は光沢なく、翼弁も舟弁も退化し、旗弁のみからなり、旗弁は下面に向かい筒状に巻いて雄しべ、雌しべを包む。雄しべは10個、花糸は紫色で約は橙黄色。豆果は小型で約1cm。1〜2個の種子が入り、熟しても裂開しない。草本のクララと似ているが、下部の茎は木質である。

マメ科

ジャケツイバラ / Caesalpinia decapetala var. japonica
つる性落葉木／約1m／花期：4～6月、鮮黄色の花

分　布：本州（山形、宮城以西）、四国、九州
生育地：低山地、川辺、野原

　高島市内では、山地の林縁や荒地に生育するがやや稀。枝はつる状に長く伸び、丈夫で鋭く尖る刺をつける。葉は偶数2回羽状複葉で長さ20～40cm。小葉は各羽片に10～20個対生し、長楕円形で長さ1～2cm、先が丸い。花序は総状花序で直立し、長さ20～30cmで鮮やかな黄色い花をたくさんつける。花は左右対称で横向き、直径2.5～3cm。和名は、茎のもつれる様子が、とぐろを巻くヘビに似ていいることから名づけられた。別名はカワラフジで、河原にも多い。

235

マメ科

マルバハギ／Lespedeze cyrtobotrya
落葉低木／2〜3m／花期：8〜10月、紫色の花

分　布：本州、四国、九州
生育地：平地、山地

　高島市内では、山地の日当たりのよい林道沿いや、河川堤防沿いにやや普通に生育する。和名は「円葉萩」で葉がまるいことによる。葉は3出複葉で頂小葉は楕円形から倒卵形で、先が凹むかまたはまるく、先端に針状の毛がある。また、頂小葉が最も大きく短い柄があり、側小葉には柄がない。葉の裏面と若枝には伏毛があり、萼は4深裂し、先は針状に尖る。花は葉腋より総状花序を出し、密集してつき、葉から飛び出すことはない。高島市にもハギの仲間は数種類生育するが、分類の難しい仲間である。

236

マメ科

ハリエンジュ（ニセアカシア）／Robinia pseudoacacia

落葉大高木／約25m／花期：5〜6月、白色の花

北アメリカ原産の外来植物
生育地：堤防沿いや湖岸

　高島市内では、平地の河川堤防沿いや湖岸沿いに生育するがやや普通。北アメリカ原産で、明治初期に渡来し、各地の庭園や街路樹、砂防用樹として植えられ、また一方で野生化している。樹皮は暗灰色で縦に裂け、枝には托葉の変化した刺がある。葉は奇数羽状複葉で、小葉は3〜9対、2〜5cmの楕円形で先端はへこむ。花序は垂れ下がった総状花序で、10〜15cm。材は堅く建築材として用いられるが、重要な蜜源植物で良質の蜜がとれる。公害に強く、寒さにも強いことから、全国各地で植えられる。また、根粒菌があり、やせ地にも育つ。和名は、ネムノキ科のアカシアに似るがニセのアカシアであると言う、種小名の「pseudoacacia」に由来する。

カタバミ科

カタバミ /Oxalis corniculata
多年草または1年草／約20㎝／花期：4〜10月、黄色の花

分　布：北海道〜九州
生育地：路傍、耕地、庭

　高島市内では、平地の道ばたや草地、人家周辺に普通に生育する。四方八方に匍匐茎を出して繁殖する。根が深いので、畑や庭の雑草として厄介者扱いされているが、葉腋から伸びる長い花茎の先につく黄色い花はよく見ると愛らしく、憎めないところがある。熟した円柱形の蒴果に手をふれるとパチンと弾けて種子が勢いよく飛び散る。葉は倒心形の3小葉からなり、片側が欠けて見える事から「傍食み」と名づけられたという。全草にシュウ酸を含み、噛むと酸味がある。葉の色などに変異が多く、葉が赤みを帯びたものもある。

カタバミ科

ミヤマカタバミ / Oxalis griffithii

多年草／約15cm／花期：3～4月、白色の花

分　布：本州（東北地方南部～中国地方）、四国
生育地：山地の林床

　高島市内では、山地の林内に普通に生育する。いかにも早春の花といった白い清楚な花を咲かせる。高山植物のような趣きがあるが、低地から山地にかけてよく見かける。太い地下茎があり、ここから葉や花茎を伸ばす。葉は3出複葉で、小葉はやや角の尖った倒心形。円柱状の蒴果をつけ、種子が熟すとはじけて飛び出す。花色には変異があり、白い花の中にピンクの花がまじることがある。

フウロソウ科

ゲンノショウコ/Geranium nepalense

多年草／30～50㎝／花期：7～10月、紅紫色～白色の花

分　布：北海道～九州
生育地：路傍、草地、林縁

　高島市内では、畑地や道ばた、山地の林縁部などに普通に生育する。茎はよく分枝し、地を這いながら斜上する。フウロソウの仲間は他にもあるが、茎や葉に毛が多いことと、葉が掌状に深く切れ込むことで区別できる。民間薬として余りにも有名で、すぐ薬効が現れるので「現の証拠」の名がつけられた。身近に大量にあることと薬効は別だが、今も、利用する地域は多い。夏に干したものを煎じて飲むと、下痢止めに効果がある。副作用がないことと、特別な香りやくせがないことから、お茶としても利用される。ウサギなどの草食動物の餌に混ぜて食べさせることもある。花柄の先にできた実は、熟すとはじけて中の種を飛ばす。はじけた実の皮が反り返り御輿のように見えることから、ミコシグサの別名がある。

フウロソウ科

ミツバフウロ / Geranium wilfordii

多年草／30～80㎝／花期：7～8月、淡紅色の花

分　布：北海道～九州
生育地：山地の草地

　高島市内では、山地の道ばたや林道沿いに生育するがやや稀。和名は、葉が3裂していて3枚に見える事から名づけられた。茎はよく分岐し、下向きの毛がある。フウロソウと名のつくものとして、県内にはヒメフウロ、ハクサンフウロ、グンナイフウロ、ビッチュウフウロ、コフウロが分布する。

241

フウロソウ科

ビッチュウフウロ / Geranium eriostemon

多年草／40〜70cm／花期：8〜11月、淡紅紫色の花

分　布：本州（長野県南部・東海地方・近畿地方北部・中国地方）
生育地：林縁、草地

　高島市内では、今津町に生育するが稀で、生育地は限られ、個体数も少ない。フウロソウの仲間は、滋賀県には、8種類分布するが、そのうち5種類が希少な種となっている。分布の限界地であったり、局地的な分布であったりするものが多い。ビッチュウフウロは本州の中心部に分布するが、京都府、兵庫県、岡山県、愛知県、長野県など、分布するすべての県でレッドデータ種扱いとなっている。滋賀県では、高島だけで確認され、山地の林縁部や草地、林内に生育するが、自生地及び個体数は減少している。滋賀県版レッドデータブックでは、希少種。花は、径約2cmで、淡いピンクの花弁に濃い赤紫色の脈が目立つ。葉身は掌状に5深裂し、さらに1〜2回3出状に切れ込む。和名は、備中地方ではじめて見つけられたことによる。

高島市の自然 I

朽木西地区、針畑付近の紅葉／安曇川の支流、針畑川・北川・麻生川の一帯の深い谷に囲まれた山林は古代より「朽木の杣」と呼ばれ、大きな樹木が繁茂していた。

朽木渓谷／丹波山地の百井峠（京都市左京区）に水源を持つ安曇川は、全長57.9km。大小の谷川や支流を合わせて大津市葛川地域、朽木村を経て琵琶湖に注ぐ。奈良時代以降、山林で伐採された材木は筏を組んで安曇川を下っていった。安曇川は荒川橋あたりから川底が深くなり両岸に大きな岩が続き「近江耶馬渓」といわれる景勝地である。

トウダイグサ科

ノウルシ／Euphorbia adenochlora

多年草／30〜50㎝／花期：4〜5月、黄色（花弁はなく苞葉の色）の花

分　布：北海道〜九州
生育地：湿地

　高島市内では、湖岸の湿地にやや普通に生育する。琵琶湖岸の湿地は、ノウルシにとっては最適な環境で、今のところ生育地や個体数の減少は見られない。新旭町から安曇川町にかけて特に多く見られれ、大きな群落もあり、春には一面黄色く染まり見事景観である。琵琶湖岸の原野を特徴づける植物の1つである。直立した茎に葉を互生し、茎頂の5枚の葉腋から短い茎を出し、先に杯状花序をつける。黄色く見えるのは苞葉で、花弁のように見える。蒴果は球形で、表面にいぼ状の小突起がつく。地下茎は肥厚し、長く水平にのびる。和名は野漆で、茎の乳白色の汁にさわるとかぶれるからだと言われている。別名サワウルシともいう。滋賀県版レッドデータブックでは、その他重要種とされる。

トウダイグサ科

オオニシキソウ / Euphorbia maculata

1年草／20〜40cm／花期：8〜9月、緑色の花

北アメリカ原産の外来植物
生育地：路傍、畑地

　高島市内では、平地の道ばたや荒地に普通に生育する。茎は片側に毛が生え、帯赤色で斜めに立ち上がる。葉は長楕円形、基部は左右非対称で片方が浅い心形、縁の上半部には細かな鋸歯がある。両面にまばらに長毛が生え、裏面は粉白色。枝先に数個の杯状花序をつける。花序の腺体付属物はエプロン状で、白色かやや赤みを帯びる。和名は「大錦草」で、同属のニシキソウより大型であり、茎の赤と葉の緑の対比が美しい所から名づけられた。

トウダイグサ科

ナツトウダイ／Euphorbia sieboldiana

多年草／20～40cm／花期：4～6月、緑色の花

分　布：北海道～九州
生育地：山地や丘陵地

　高島市内では、山地の林内や湿地の周りに生育するがやや稀。茎は、水平に長く伸びた地下茎から直立して出る。茎や葉は紫紅色を帯び、切ると白い乳液が出る。葉は細長く互生し、全縁で先は円い。茎の先に4～5枚の葉が輪生状につき、その葉腋から放射状に枝を分け、先に丸みのある三角形の総苞葉をつける。成長した個体はさらに二又分岐を繰り返す。総苞葉の中に壺形の杯状花序をつける。これは1個の花のように見えるが、退化したたくさんの花の集まりである。花序の腺体付属物は三日月状で紫褐色となる。和名のトウダイは「燈台」の意で、総苞葉に抱かれた花序の様子を昔の燈明台に見立てたもの。ナツトウダイの名に反して、同じ属の他の種類に先んじて春先に咲く。ハツトウダイの誤りではないかともいわれる。有毒植物であるが、根を薬用とする。

トウダイグサ科

コニシキソウ／Euphorbia supine

1年草／5〜20cm／花期：6〜9月

北アメリカ原産の外来植物
生育地：平地の路傍、庭、畑

　高島市内では、市街地の道ばたや郊外の畑地、人家の庭先などに普通に生育する。茎は二又分枝を繰り返し、地面を這いながら伸び、節から根を下ろす。敷石の間などわずかな隙間や庭先にも生育するなど、外来種のたくましさを持つ。明治28年に東京と横浜で採集された記録があり、その後、全国に分布を広げた。在来のニシキソウに良く似るが、種子に毛があることと、葉に斑紋があることにより区別できる。トウダイグサ科で、茎を折ると乳白色の汁を出す。春に発芽した苗は、夏から秋にかけて花を咲かせる。和名は小錦草で、オオニシキソウ同様、茎が赤く美しいことと、植物が小さいことによる。

トウダイグサ科

アカメガシワ/Mallotus japonicus
落葉小高木または高木／5～15m／花期：6～7月、白色の花

分　布：本州（宮城、秋田以西）、四国、九州
生育地：山野

　高島市内では、山地の林縁部に普通に生育する。春先の若葉が赤く美しい事、葉が大きく柏の葉のように餅や食べ物を包むのに使った事から、「赤目槲」の名がある。陽樹で、低山や伐採跡地などにも広く生育する。葉は互生し、広卵形で先は尖り、全縁。雌雄異株で、枝先の円錐花序に花弁の無い花をつける。雌花は目立たないが、雄花には多数の雄しべがつき、集まると美しい。蒴果は扁球状で突起があり、熟すと3つに開裂して黒い種子をだす。葉や樹皮に薬効成分を含み、現在では胃潰瘍の治療薬としても使用されている。その他、赤色染料、腫れ物の民間薬としても利用できる。高島市ではアカベという。写真は雄株。

トウダイグサ科

ヤマアイ／Mercurialis leiocarpa

多年草／30〜40㎝／花期：4〜7月、淡緑色の穂状の花

分　布：本州、四国、九州
生育地：山地の林床

　高島市内では、山地のやや薄暗い林内に普通に生育し、時に群生する。茎は直立し、分枝せず、地下茎は長く横たわる。葉は有柄で縁には鈍鋸歯があり、葉面は光沢がある。雌雄異株で、枝先の葉腋に長い穂状花序を出す。葉は対生し、披針形の托葉がある。葉身は長楕円形で、葉柄は長い。古くから染料植物として知られ、生葉をつき、その汁で衣服をそめた。山藍摺りとも言い、延喜式に「青摺衣」等の記述があるが、現在では宮中の儀式などにわずかに利用されるだけで、ほとんどすたれてしまった。ヤマアイの染料色素は葉緑素で、アイ（タデ科）やリュキュウアイ（キツネノマゴ科）のように青藍（インジゴチン）を含まないので、浸し染めの方法で染めても発色は他の藍染よりはるかに薄く、緑色にしか染まらない。分布は本州から琉球、台湾、朝鮮、中国、インドシナなどにも生育する。

トウダイグサ科

シラキ／Sapium japonicum

落葉小高木／4〜6m／花期：5〜7月、黄色の花

分　布：本州、四国、九州
生育地：山地、丘陵地

　高島市内では、山地の渓谷沿いに普通に生育する。街路樹などによく利用されているナンキンハゼと同じ仲間で、材が白い事から「白木」と名づけられた。葉は卵状楕円形で先は鋭く尖り、全縁で、秋には美しく紅葉する。花は雌雄同株で、総状花序の上部に多数の黄色い雄花を、下部に1〜3個の雌花をつける。蒴果は球形で3開裂し、黄色地に黒の模様の入った種子が白い糸でぶら下がる。種子には50％もの油分が含まれ、これを絞ったシラキ油は食用、灯油、塗料などに利用されてきた。

ユズリハ科

エゾユズリハ／Daphniphyllum macropodum var. humile

常緑低木／1〜3m／花期：5〜6月、赤橙色の花

分　布：北海道、本州（北・中部）
生育地：山地

　高島市内では、山地の二次林やブナ林に普通に生育する。ユズリハの多雪地型で、雪の多い山地では幹の下部が地面を這い、積雪期には雪に埋もれる。普通、樹高1m前後であるが、近畿地方北部には、樹高が2〜4mで直立する幹を持つ、ユズリハとの中間的なものも見られる。ユズリハの名前の由来は、春に新葉が展開する頃、これに場を譲るように古い葉が落葉するところから名づけられた。高島市では、新旧の交代や年の移り変わりのシンボルとして、注連縄にはさんで正月の飾りとしたり、七草粥や小豆粥をユズリハにのせて神に供えたりしてきた。また、若芽は煮てよく水にさらし食用とした。ただ、葉や樹皮には有害なアルカロイドが含まれる。庭木としてもよく植えられる。

ユズリハ科

ヒメユズリハ／Daphniphyllum teijsmannii

常緑高木／8〜10m／花期：5〜6月

分　布：本州（東北地方南部以南）〜九州
生育地：照葉樹林内、沿岸地

　高島市内では、マキノ町の湖岸沿いのシイ林内に生育するがやや稀。滋賀県では、三上山のヒメユズリハが有名で、山腹のシイ林の中に生育する。かなり樹齢を経たものもあり、生育の密度も高い。マキノ町の海津大崎の湖岸に接した照葉樹林は、シイ、モッコク、ヒトツバなどが生育する地域がある。沿岸地に多い植物があるのは、琵琶湖の特異性によるが、シイ林の中に、ヒメユズリハが生育する。ヒメユズリハは、やや小ぶりで、葉や花も小さく愛らしい。葉身は長さ4〜15cmで、幅2〜6cm。側脈は、8〜10対あり、網状脈がはっきりしている。葉柄は緑色か時に紅色を帯びる。和名は、姫譲葉で、初夏、新しい葉が成長すると、古い葉が落ち、あとを譲るいう意味とユズリハに比べ小さくかわいらしい事による。単にユズルと呼ぶ地域もある。高島には、エゾユズリハ、ヒメユズリハ、ユズリハ（植栽）が分布するが、区別はなくいずれもユズリハと呼ぶ。

ミカン科

マツカゼソウ / Boenninghausenia japonica

多年草／50～80cm／花期：8～10月、白色の花

分　布：本州（宮城以南）、四国、九州
生育地：山地の林縁、林床

　高島市内では、山地の湿り気の多い林内や林縁部に普通に生育する。和名は「松風草」で、秋風に吹かれる草の姿に趣があるので名づけられたというのが、牧野富太郎の説である。ミカン科の植物は何らかの匂いを持つが、マツカゼソウには不快な匂いがある。山道を歩いていても、踏みつけた中にこの植物があるとすぐに分かる。しかし、強い臭気は書籍の虫よけに使われることもある。葉は互生し、3回3出羽状複葉で柔らかく、小葉は大きさが不同で、最終小葉は倒卵形から楕円形で、裏面は白色を帯びる。果実は分離果で、4分果に分かれ腹面で裂開する。種子は暗褐色で粒状突起がある。

ミカン科

コクサギ／Orixa japonica
落葉低木／1.5〜3m／花期：4〜5月、緑色の花

分　布：本州〜九州
生育地：低地の二次林、林縁

　高島市内では、低地から山地の湿り気の多い林縁部や川の縁にやや普通に生育する。ケヤキ林の目安となる植物で、高島市内の河辺ケヤキ林にも生育する。ミカン科の植物で、強い臭気があり、葉や枝に触れただけで臭う。若枝は緑色で2年枝は灰白色で皮目がある。葉は柔らかく、倒卵形で鋸歯がなく、裏面には全体に毛が生える。若い枝先に付く葉は他の部分と異なり、片方に2枚ずつつく。コクサギ葉序と呼ばれる付き方である。根を風邪，のどの痛み、胃痛などに用いる。若芽は良くさらして食用とされることもある。和名の由来は、諸説あるが、堆肥を意味する「コクサ」で、「緑肥にする木」という意味から、名づけられたというのが最近の説である。

ミカン科

ツルシキミ / Skimmia japonica var. intermedia

常緑小低木／30～50㎝／花期：4～5月、白色の花

分　布：北海道～九州
生育地：山地の林床

　高島市内では、山地の林内に普通に生育する。ツルシキミはミヤシキミの変種で、ツルミヤマシキミ、ハイミヤマシキミともいわれる。和名は幹の基部が地面を這う事に由来する。雌雄異株で群生する事が多く、幹はところどころで発根しながら地を這って、枝を斜上させる。葉は互生だが、枝先に多く集まり、倒披針形から長楕円形で、先がやや尖る。全縁で、光沢があり、揉むと芳香がする。枝先に円錐花序を出し、多数の4弁花がつく。萼は杯状で褐色を帯びる。果実は球形の液果で、秋に赤く熟し、翌春まで残る。

ミカン科

カラスザンショウ / Zanthoxylum ailanthoides
落葉小高木〜高木／5〜15m／花期：7〜8月、緑色の花

分　布：本州、四国、九州
生育地：山野

　高島市内では、平地から山地の日当たりのより林縁部や林内に普通に生育する。黒熟する種子は鳥が好んで食べる。和名もカラスが集まって種子を食べる事からついたという。鳥によって散布される種子は裸地でよく発芽し、西南日本では二次林の主要な構成種になる。材は黄白色で柔らかく、下駄や細工物に利用される。枝は太く横に広がり、樹皮は灰褐色で、刺跡がいぼ状突起となって散生する。枝には鋭い刺が多数つく。葉は互生し、大きな奇数羽状複葉で長さ30〜80cm。葉身は長楕円形または広披針形で先は鋭く尖り、基部は円形で、縁に低い鈍鋸歯がある。枝先に大型の複数の集散花序をつけ雌雄異株、花弁は卵形で5個つく。種子は球形で黒色、光沢があり、しわがある。高島市ではコウハチ、コウハケという。

ヒメハギ科

ヒメハギ / Polygala japonica

多年草／10〜30㎝／花期：4〜7月、紫色の花

分　布：北海道〜九州
生育地：丘陵地

　高島市内では、平地から山地のやや乾いた場所に生育するが稀。和名は、花の形がハギに似ていて、より小さい所から名づけられた。古くは「和遠志」と称し、薬用とした。茎は基部から分枝して下方は地を這い、上方は斜上する。葉は短い柄があって互生し、長さ2〜3㎝、光沢がある。葉腋から総状花序を出し、紫色を帯びた花を数個開く。萼片は5枚。内側の2枚は花弁状になり、卵形で長さ5〜7㎜。紫色であるが、花後に成長して緑色になる。花弁は長さ6〜7㎜。下部は合生し、先は房状になる。雄しべは8本。花糸は基部で合生する。果実は扁平で両側に翼がある。種子は楕円形で褐色。白毛および付属体がある。

ヒメハギ科

ヒナノカンザシ／Salomonia oblongifolia
1年草／6〜25cm／花期：8〜9月、紫色の花

分　布：本州〜九州
生育地：湿地

　高島市内では、南部の湿地に生育するが稀で、分布地も限られ個体数も非常に少ない。ヒメハギ科の植物は世界に800種程あるが、日本には少なく、数種が分布するだけである。また、そのほとんどはレッドデータ種となり、ヒナノカンザシも、滋賀県版レッドデータブックで、希少種とされる。2000年版では分布上重要種とされたが、2005年版ではさらに希少さが増した。滋賀県内全域の湿地に点在するが、乾燥化と植生の遷移により、減少している。植物体は小さく、細い茎は直立し、長さ3〜8mmの小さな葉を互生する。上方のものは披針形で長さ約14mm。花は、茎の上部に穂状花序を作り、長さ1〜2mmの大きさで10個程つける。

ウルシ科

ツタウルシ／Rhus ambigua
つる性落葉木／花期：6〜7月、黄緑色の花

分　布：北海道〜九州
生育地：山地の林縁

　高島市内では、平地から山地の林縁部や林道沿いに普通に生育する。和名は、ツタのようにつるになるウルシの意で樹木に這い登る。葉に漆の成分の1つであるラッコールを含み、その毒性はウルシの仲間ではかなり強く、これに触るとひどくかぶれるので注意が必要である。ヤマウルシ同様、秋に美しく紅葉する。葉は互生し、3出複葉。小葉は成樹では全縁であるが、幼樹では粗い鋸歯がある。果実はゆがんだ球形をしており、秋に黄熟する。

ウルシ科

ヌルデ／Rhus javanica var. roxburghii
落葉小高木／4〜6m／花期：8〜9月、黄白色の花

分　布：北海道〜九州
生育地：二次林の林縁、草原、伐採跡地

　高島市内では、平地から山地の林縁部や開けた疎林に普通に生育する。幹を傷つけると白色の漆のような樹液を出し、和名はこれを木地に塗った事にちなむが、今では使われていない。葉は互生し、奇数羽状複葉で、小葉を9〜13枚つける。葉軸にひれ状の翼がある。葉にヌルデシロアブラムシなどの幼虫が寄生してヌルデノミミフシという虫こぶをつくる。それを乾燥させたものが「五倍子」（附子）で、多量のタンニンを含み、染料や写真の現像液などに用いられたことがある。また、かつては既婚女性の風習であったお歯黒の媒染剤としても用いられたという。果実はゆがんだ球形で小さい。表面に塩分を含んだ粉をふき、なめてみると塩辛い。古くは代用塩に用いた地方もあり、シオノミと呼ばれる。サルも塩分補給に利用するという。ヤマウルシ同様、秋に美しく紅葉し、「白膠木紅葉」は秋の季語ともなっている。高島市ではヌルダという。

ウルシ科

ヤマハゼ／Rhus sylvestris
落葉小高木／5～10m／花期：6月、黄緑色の花

分　布：本州（関東以西）～九州
生育地：平地や山地の林内

　高島市内では、平地から山地の林縁部や明るい林内に普通に生育する。葉は奇数羽状複葉で、小葉は4～7対あり、長さは5～7㎝。先はやや尾状となりとがる。長楕円形から卵状長楕円形で、ウルシに比べるとスリムな葉である。秋、ウルシとともに、他の植物に先駆けて赤く紅葉する。紅葉は鮮やかな紅色で、日当たりのよいところでは特に美しい。落葉とともに実が目立つ。直径8㎜程の核果は扁球形で黄褐色をし、無毛で少し光沢がある。ヤマハゼの果皮（中果皮）からも蝋は採れるが、普通使うのは西日本に自生するハゼノキである。ヤマハゼに比べると実も少し大きく、採取できるロウも多い。冬芽はウルシと同じ裸芽で、褐色の毛に被われる。

ウルシ科

ヤマウルシ / Rhus trichocarpa

落葉小高木／5〜8m／花期：6〜7月、黄緑色の花

分　布：北海道〜九州
生育地：平地、山地の林縁

　高島市内では、平地から山地の林縁部や開けた疎林に普通に生育する。ウルシに代表されるウルシ科の仲間は、秋に美しく紅葉し、野山を紅く染める。それゆえ、「ウルシ」の語源に紅葉をめでた「うるわし」説がある。ウルシの名は、樹液を木地に塗る「うるしる（潤液）」「ぬるしる（塗液）」から転じたものだろうとする説もある。ヤマウルシの和名はウルシに似るが、山地に自生する事による。ウルシと同様樹液を漆液として利用できるが、経済的でない。また、この樹液は触れるとひどくかぶれる。葉は互生し、奇数羽状複葉で、小葉を7〜15枚つける。小葉は卵形で全縁であるが、若い木ではしばしば1〜2個の大きな鋸歯が出る。果実はゆがんだ球形で、秋に黄熟する。果実の内部には大量の脂肪が含まれ、鳥にとっては重要な餌になる。高島市ではウルシのことをハゼということがある。

カエデ科

ウリカエデ/Acer crataegifolium
落葉大低木または小高木／3〜8m／花期：4〜5月　淡黄緑色の花

分　布：本州（福島以南）、四国、九州
生育地：平地、山地

　高島市内では、山地の林縁部や林内に普通に生育する。やや乾いた低山の林縁にみられるカエデの仲間で、樹皮がウリの実に似て緑色を帯びている事からウリカエデと呼ばれる。葉は対生し、卵形から長卵形で、分裂しないか浅く3分裂し、縁に細かい重鋸歯がある。雌雄異株で葉と同時に枝先から淡黄緑色の総状花序を下垂する。花後、ほとんど水平に開出する翼果をつける。高島市ではウリナという。写真は雄株。

263

> カエデ科

ヒトツバカエデ（マルバカエデ）/Acer distylum

落葉小高木／5〜10m／花期：5〜6月、淡黄色の花

分　布：東北地方（岩手県・秋田県以南）
　　　　〜近畿地方東部
生育地：山地の林内

　高島市内ではマキノ町赤坂山周辺に生育するが稀。滋賀県内では、伊吹山地、余呉町、木之本町など北部に自生地が多く、マキノ町へは野坂山系をへて分布を広げたものであろう。カエデの葉と言えば、普通、イロハカエデの様に深く切れ込み、掌状となった葉を思い浮かべるが、ヒトツバカエデは、丸くてカツラの葉を少し大きくしたような形をしている。別名マルバカエデとも言い、葉の形を言い表したものである。長さは7〜17cmで、幅は6〜12cm。葉の先は尾状に尖る。

カエデ科

ハウチワカエデ /Acer japonicum

落葉小高木〜高木／5〜15m／花期：4〜5月、紫色の花

分　布：北海道、本州
生育地：平地、山地

　高島市内では、山地の落葉広葉樹林内に普通に生育する。カエデの仲間の中では葉が比較的大型で、天狗の持つ羽団扇に形が似ている事から名前がつけられた。秋の紅葉が美しく、名月の光に紅葉が映える様子から「名月楓（めいげつかえで）」の別名もある。雄性同株で、新枝の先に散房花序をつけ雄花と両性花を下垂する。黄緑色の花弁よりも紅紫色の萼片がよく目立ち、葉の浅緑色とのコントラストが美しい。花後、鈍角に開いた翼果をつける。庭園樹として古くから用いられており、園芸品種も多い。近縁のコハウチワカエデはやや葉が小型で翼果がほぼ水平に開く。

カエデ科

コミネカエデ／Acer micranthum
落葉低木〜高木／3〜10m／花期：6〜7月、黄緑色の花

分　布：本州〜九州
生育地：山地

　高島市内では、山地の林縁部や二次林、落葉広葉樹林内にやや普通に生育する。ブナ林などにも生育するが、中部以北の亜高山帯に自生するミネカエデと比べ、より高度の低い所に生育する。和名はミネカエデに比べて花や実が小さい事からつけられた。葉は対生し、掌状に5〜7深裂する。裂片は羽状に中裂して縁に重鋸歯があり、裂片の先端は尾状に伸びる。雌雄異株または同株で、初夏、総状花序に多数の小さな5弁花をつける。花後、鈍角から水平に開出する翼果をつける。

カエデ科

イタヤカエデ／Acer mono

落葉高木／約20m／花期：4〜5月、淡黄色の花

分　布：本州（岩手県〜兵庫県）、四国、九州
生育地：谷間や谷間の斜面

　高島市内では、山地に普通に生育する。特に、山地の川沿いや周辺の斜面地に多く、時に大きな樹も見られる。葉は浅く5〜7裂、または、深く裂け裂片の先は尖る。縁には鋸歯はなく、全縁であるが、波打つこともある。基部は浅いハート型をしている。翼果は大きく、2〜3㎝。2つの果実は直角から鋭角につく。

イタヤカエデは変種や品種が多く、また、樹齢により姿を変えるものもあり、区別のやっかいな植物の1つである。カエデの仲間は、雌雄同株のものや雌雄異株のものがあるが、イタヤカエデは、雌雄同株で1つの花序に両性花と雄花をつける。和名は、葉が良く茂り、屋根板のように雨がもらないことによる。高木になることから、材の利用価値も高く、建築材や家具材として使われる。

カエデ科

テツカエデ／Acer nipponicum
落葉高木／約15m／花期：7〜8月、黄緑色の花

分　布：本州（岩手・秋田以南）、四国、九州
生育地：山地の落葉広葉樹林内

　高島市内では、北部山地の落葉広葉樹林内に生育するが稀。胸高直径30cm前後、樹高20m以上の高木も見られるが個体数は少ない。マキノ町、今津町、朽木に自生する。葉の形がウリハダカエデに似ているが、ウリハダカエデは普通浅く3裂し、テツカエデは浅く5裂する。林内に群生する事はなく、成木の下にもあまり幼木が見られない。雌雄異株または同株。葉は掌状で、幅が10〜18cmに達する。日本のカエデの中では最も大きな葉である。和名は、新葉や花序に鉄サビ色の縮れ毛が見られる事から名づけられた。

カエデ科

タカオカエデ（イロハモミジ） / Acer palmatum

落葉高木／10〜15m／花期：4〜5月、暗紫色の花

分　布：本州（福島以西、福井以南）、四国、九州
生育地：平山の林床

　高島市内では、山地の林内や渓谷沿いに普通に生育する。モミジといえばイロハモミジをさすくらい代表的な種である。葉は対生し、掌状に5〜7深裂する。裂片は尾状に長く伸び、縁に鋭い重鋸歯がある。雄性同株で開葉と同時に枝先に複散房状に小さい暗紫色の雄花と両性花をつける。葉が小さく繊細で、秋の紅葉はもちろん、新緑や花後につく翼果にも風情がある。四季を通じて楽しめる事から庭園樹としてもよく植えられ、たくさんの園芸品種が作られている。和名のイロハモミジは、この葉の切り込みを端から「いろはにほ…」と数えた事に由来する。紅葉の名所の名をとってタカオカエデ（高尾楓）ともいう。

カエデ科

オオモミジ /Acer amoenum

落葉高木／約12m／花期：4～5月、紅色の花

分　布：北海道、本州（福井以北の日本海側を除く）、四国、九州
生育地：低山の林床、谷間

　高島市内では、山地の林内や渓谷沿いに普通に生育する。オオモミジはよく似たイロハモミジ、ヤマモミジと同様に紅葉が美しい。庭園や公園の植込みに利用される事が多く、園芸品種も多数ある。和名は「大紅葉」で、イロハモミジに比べるとやや大形の葉を持つ事に由来する。葉は掌状に7～9裂し、葉の縁の鋸歯が整然と並び、ヤマモミジの様に欠刻状にはならない。一般に、本州の日本海側でオオモミジが自生しない地域にヤマモミジが分布するが、高島市では両方が見られる。オオモミジは雌雄同株で、幹は直立し、四方に枝を張り出す。葉は対生し、円形で掌状に浅く7～9裂して、裂片は倒披針形で先は尾状に尖る。秋に明るい紅色に染まる。花は新枝の先に、葉の展開とほぼ同時に咲く。多数の雄花と少数の両性花が散房状に付き、花弁、萼片共に5枚だが、萼片のほうが大きい。翼果は木質化して、イロハモミジ、ヤマモミジより大きく、開き方は狭い。

カエデ科

ウリハダカエデ／Acer rufinerve

落葉高木／8～10m／花期：5月、淡緑色の花

分　布：本州、四国、九州
生育地：平山の林床

　高島市内では、山地の落葉広葉樹林内や二次林内に普通に生育する。暗緑色で黒斑のある滑らかな樹皮に特徴があり、その様子がマクワウリの皮に似ている事から「瓜肌楓」の名がつけられた。この皮は丈夫なので、古くは縄や簑などが作られた。雌雄異株で、5月に新葉が開くと同時に、長さ5～10cmにもなる総状花序がぶら下がって咲く。葉はいわゆるモミジ形ではなく、かなり大型の扇状五角形で3～5浅裂し、秋の黄葉や紅葉が美しい。学名のrufinerveは「赤褐色の脈のある」の意で、葉脈の色からきている。翼果は鈍角に開き、赤褐色の縮毛がある。写真の花は雄株。

カエデ科

コハウチワカエデ / Acer sieboldianum
落葉高木／10〜15m／花期：5〜6月、淡緑色の花

分　布：本州、四国、九州
生育地：平地、山地

　高島市内では、山地の二次林や落葉広葉樹林に普通に生育する。ハウチワカエデに似ているが葉が小型なので「小羽団扇楓」と呼ばれる。別名のイタヤメイゲツは、イタヤカエデに似たメイゲツカエデ（ハウチワカエデ）の意。樹皮は平滑で灰青褐色。葉は対生し、基部は心形から切形、掌状に7〜11中裂する。裂片の先は短く尖り、よくそろった単鋸歯または重鋸歯がある。雌雄同株で、新枝に散房花序をつけ、雄花と両性花とを混生する。翼果はほぼ水平に開く。秋の紅葉が美しく、庭園樹としても古くから植えられている。

カエデ科

チドリノキ／Acer carpinifolium

落葉高木／8〜10m／花期：4月、淡緑色の花

分　布：本州（岩手以南）、四国、九州
生育地：山地の谷間

　高島市内では、山地の渓谷沿いに生育するがやや稀。カエデの仲間にしては葉が掌状ではなく、長楕円形で先が鋭く尖り、重鋸歯がある。カバノキ科のシデ類によく似ている事から「carpinifolium」（シデ属のような葉の意）という学名がつけられた。葉が対生である事、カエデ科に特徴的な翼果をつける事からシデ類と区別できる。雌雄異株で、枝先から総状花序を下垂する。和名は、翼果を千鳥の飛ぶ様子にたとえてつけられた。また、別名のヤマシバカエデは山柴のように枝葉の広がる樹形からきているという。高島市ではイワクナという。

トチノキ科

トチノキ／Aesculus turbinate
落葉高木／20～30m／花期：5～6月、白色に淡紅色の斑紋の花

分　布：北海道（南部）～九州
生育地：渓流沿い

　高島市内では、山地の渓流沿いにやや普通に生育する。渓谷では、岩がむき出しとなるような場所にはカシ類が生育し、十分な水分と肥沃な土壌が堆積した場所にトチノキが生育する。市内においては、朽木に自生地が多く、トチモチ谷、栃生など、トチの名前の付く地名もあり、トチノキとの深いかかわりをうかがうことができる。また、昔から食料とされ、あく抜きの方法などが朽木や今津町に伝わる。樹齢も長く、巨樹となる樹で、朽木平良には、胸高直径6m余りの、県下最大の樹が残る。葉は対生し、掌状複葉で5～9枚の小葉をつける。名前は、朝鮮語のトチノキの古名、「Totol」からだとする説がある。高島市では、単にトチと呼ぶことも多く、トチグリ、クワズノクリ、天師栗など、栗のつく別名も日本各地に多い。

トチノキの利用

　高島市朽木には大変立派なトチノキがたくさん生育する。渓流沿いの肥沃な土地を好み、他の植物を圧して生育している姿をよく見かける。ときに樹高35m、胸高直径2m近い巨木も見られ、まるで山の神のようである。葉は5～9枚の小葉からなる掌状複葉で、天狗の団扇のように大きい。

　初夏、長さ25cmにもなる大きな円錐状の総状花序に、白色で基部に淡紅色に斑紋のある4弁花を多数つける。雄しべが花弁の外にとび出してよく目立つ。トチの花からは、「栃蜜」という甘くて香り高い蜂蜜がとれる。9～10月ごろ全面にいぼのある蒴果から、クリの実に似た種子を落とす。

　トチの実にはデンプンが多く、日本各地で縄文の昔から食料として利用されてきた。渋が多くそのままでは食べられないので、何日も水にさらして渋抜きをしてから使用する必要がある。大変手間がかかるが、朽木でも古くから各家庭で栃餅などとして日常的に食されてきた。現在、地域の特産品として栃餅のほかに、栃せんべい、栃パイなど栃を材料にしたお菓子が土産物店で販売され、地域おこしの一翼を担っている。

　トチノキは実を食べるほかに材も利用できる。トチの材は淡黄褐色で軟らかく、加工しやすいことから、漆器木地、彫刻、家具などに用いられ、朽木でも古くからトチの木地製品が作られていた。さらに、漢方では「七葉樹」と呼ばれ、若芽の粘液を寄生性皮膚病に、樹皮を下痢に、種子をしもやけに利用する。

　トチノキは乾燥に弱く、都会の街路樹にされて排気ガスなどにさらされている姿は痛々しいが、朽木のトチノキは自然の中に溶け込んで人々の暮らしにしっかり根づいており頼もしい。いつまでもこの姿を残したいものである。

アワブキ科

アワブキ / Meliosma myriantha
落葉高木／約10m／花期：6〜7月、淡黄色の花

分　布：本州、四国、九州
生育地：山地

　高島市内では、山地の渓谷沿いに生育するがやや稀。葉は、長楕円形から狭倒卵形で、長さ8〜25cm、幅5〜7cmの、比較的大型の葉をつける。側脈は20〜27対と多く、縁には細かい針状の鋸歯がある。同じアワブキ属のミヤマハハソが花序を下向きにつけるのに対して、上向きの円錐花序をつける。タテハチョウ科のスミナガシや、セセリチョウ科のアオバセセリの食餌植物として知られる。木を燃やすと、切り口から盛んに泡が出る事から「泡吹」の和名がついた。泡には唇の荒れを治す効果があるといわれている。高島市ではアワフキとかクズフシという。

ツリフネソウ科

キツリフネ/Impatiens noli-tangere

1年草／40〜80cm／花期：7〜9月、黄色の花

分　布：北海道〜九州
生育地：山地の湿地

　高島市内では、山地のやや湿り気の多い林縁部に普通に生育し、時に群生する。キツリフネ（黄吊舟）の名は、黄色のツリフネソウの意で、ツリフネソウと同様、舟形の花が細い糸のような柄でぶら下がっている事からつけられた。ただし、キツリフネの花の距は下に湾曲しており、ツリフネソウのように渦巻き状にはならない。林の湿った日陰に生え、時に群生する。葉は互生し、長楕円形で縁に粗い鈍鋸歯があり、質は薄い。学名の Impatiens は「がまんできない」の意で、その実が熟すとちょっとした刺激ではじけて種子をはじき飛ばすところから来ている。園芸植物のインパチェンスやホウセンカも同じ仲間である。

ツリフネソウ科

ツリフネソウ /Impatiens textori

1年草／50～80cm／花期：8～10月、紅紫色の花

分　布：北海道～九州
生育地：平地の湿地

　高島市内では、平地の谷川沿いの湿地に普通に生育する。和名は「吊舟草」の意味で花の形が舟をつり下げたように見える事による。ホウセンカと同じように、熟した果実に触れると、はじけて中の種子をとばす。茎は多汁質で、花序を除き毛がなく、やや赤みを帯び、節が隆起する。葉は互生し、葉身は菱状楕円形で先は尖り基部はくさび形で、縁に鋸歯がある。花序は葉腋から斜上し、花軸に紅紫色の突起毛があり、7～8花つく。花は紅紫色で、距が渦巻き状になる。日本にはツリフネソウ、キツリフネの他に、ハガクレツリフネが分布するだけで野生種は少ない。滋賀県南部にハガクレツリフネが分布する。

278

モチノキ科

イヌツゲ / Ilex crenata

常緑低木～小高木／2～6m／花期：6～7月、白色の花

分　布：本州（岩手以南の太平洋側及び近畿以西）、四国、九州
生育地：山地の林縁、草地

　高島市内では、丘陵地の二次林から山地の落葉広葉樹林まで普通に生育する。葉は互生し革質で滑らか。葉は長楕円形で、長さ1～3cmと小さく、縁には低い鋸歯がある。雌雄異株。雄花は軸の先に2～6個が散形状につく。雌花は葉腋に1個ずつつき、途中に小さな包葉がある。果実は球形で黒熟する。樹皮からは鳥もちがとれる。和名のイヌは役に立たない、または、本物でないという意味に使われ、ツゲに似ているが本物でないの意である。しかし、ツゲがないところでは、イヌツゲを単に、ツゲと呼ぶ場合もある。ツゲはホンツゲとも呼ばれ、ツゲ科の植物で葉は対生する。餅花を刺す木は地方により異なるが、イヌツゲには先が刺のようになった堅い小枝が多く、小正月の餅花をたくさん刺すのに都合がよいところから各地で利用された。イヌツゲの事をマユダマツキ、ダンゴバラ、ダンゴノキなどと呼ぶ地方がある。

> モチノキ科

フウリンウメモドキ /Ilex geniculata

落葉低木／1〜2m／花期：5〜6月、白色の花

分　布：本州（東北南部の太平洋側〜中国地方）、四国、九州
生育地：山地の林床

　高島市内では、山地の落葉広葉樹林に生育するがやや稀。葉は、卵状楕円形または卵状長楕円形で、先は細く伸びて尖る。葉や若い枝には短毛が散生し、葉の裏面脈上には多い。花は非常に小さく、葉腋に咲く。雌雄異株で、雄花は長い柄の先に1個または数個つき、雌花は普通1個つく。秋になると直径約4mmの球形の実が赤く熟して垂れ下がる。和名は、赤く熟した果実が垂れ下がった様子を、風鈴に見立てて名づけられた。

モチノキ科

ミヤマウメモドキ/Ilex nipponica

落葉低木／2〜3m／花期：6月、白色の花

分　布：東北地方、中部地方北部、近畿地方北部
生育地：湿地

　高島市内では、湿地に生育するが稀で自生地が限られ、個体数も非常に少ない。主に日本海側に分布する植物で、滋賀県内での自生地は湖北、湖西に片寄る。滋賀県版レッドデータブックでは、分布上重要種に扱われるが、希少な種でもある。また、湿地や沼の周りに生育するが、よく似たウメモドキが見られることから、誤認されたり、見落とされたりすることもある。葉は倒披針状楕円形で葉の真ん中より上部の幅が広い。また、ウメモドキに比べ、花柄の長さが3〜7mmと長いことと、花の色がピンクに対して、白色であることが特徴である。山地には、ウメモドキと同様の名前を持つフウリンウメモドキが自生するが、こちらは個体数も多い。和名はウメによく似た実をつけることによる。

モチノキ科

ソヨゴ／Ilex pedunculosa
常緑大低木～小高木／3～7m／花期：6月、黄緑色の花

分　布：本州（新潟以南、中部以西）、四国、九州
生育地：平地、山地

　高島市内では、平地から山地の林内に普通に生育する。和名は、風にそよいでさやさやと音をたてる意味の「戦ぐ」からきている。葉は互生し、帯紅色をした柄があり、葉身は卵状楕円形で先は鋭く尖り、長さ4～8cm。縁は全縁で波状となる。上面は深緑色で光沢があり、下面は淡黄色。雌雄異株。雄花は花柄のある集散花序に数個ずつつき、雌花は葉腋に1または2～3個つく。花弁は3枚のものから6枚のものまで見られる。果実は球形で赤熟し、2～5cmの柄がる。成長が早く、剪定すれば樹冠が密生することから、庭木としても人気がある。タンニンを多く含み、草木染めにも利用される。樹皮は灰褐色で滑らか。材は緻密で堅く、櫛や器具材として利用される。高島市では、フクラガシ、フクラシと呼ばれる。

モチノキ科

アカミノイヌツゲ／Ilex sugerokii var. brevipedunculata

常緑低木／2〜5m／花期：6〜7月、白色の花

分　布：北海道、本州（東北及び中部以北の日本海側）
生育地：山地、湿地の縁

　高島市内では、山地の尾根部に生育するがやや稀。イヌツゲに似て、実が赤く熟す事から「赤実犬黄楊」の和名がある。よく似たクロソヨゴも実は赤いが、こちらは樹皮の黒さに注目して「黒ソヨゴ」の和名がつけられている。クロソヨゴは本州および四国の太平洋側に分布し、高島市南部に自生する。アカミノイヌツゲにはミヤマクロソヨゴの別名もあって、混乱してしまう。雌雄異株で、幹は直立、または斜上して多数の枝を分ける。葉はやや密に互生し、長楕円形で先は尖る。上半部に浅い鋸歯があり、表面は濃緑色で光沢があり、裏面は淡緑色。中央脈が両面に少し隆起する。短い葉柄は赤味を帯びる。花は萼片、花弁ともに4枚で、若枝の下部の葉腋に細い柄を出して、雌花では1個、雄花では1〜3個ずつつく。果実は球形で、多くは下垂して赤く熟し、目立つ。高島市ではメクルラシという。

283

ニシキギ科

ツルウメモドキ／Celastrus orbiculatus
つる性落葉木／花期：5〜6月、淡緑色の花

分　布：北海道〜九州
生育地：路傍、林縁

　高島市内では、山地の林縁部や林道沿いに普通に生育する。秋になると、果実をつけた枝が、落葉した林でよく目立つ。つる性木本で、太いものは茎が直径20cmほどになり、高木にからみつく。葉は、互生し長さ5〜10cm。倒卵形または楕円形で先は急に尖る。縁には不ぞろいな鋸歯があり、基部はくさび形ないし円形となる。雌雄異株で、雄花は1〜7個、雌花は1〜3個の花をつける。果実は熟すと黄色になって3片に割れ、中から赤い仮種皮に覆われた種子が現れて美しい。和名はこの様子がウメモドキに似ていて、つる状になることからつけられた。実の美しさと枝振りの面白さから、生け花の花材としてよく利用される。

ニシキギ科

コマユミ / Euonymus alatus f. striatus

落葉低木／1～2m／花期：5～6月、黄緑色の花

分　布：北海道～九州
生育地：山地

　高島市内では、平地から山地の落葉広葉樹林に普通に生育する。ニシキギの変種。ニシキギの枝は緑色・無毛で、コルク質の4枚の翼があるが、コマユミには翼がない。ニシキギやコマユミの実をつぶしてシラミの駆除に利用した。ニシキギやコマユミは紅葉が美しくよく庭木に植えられる。果実は成熟すると、1～2（4）個の分果となり、1個ずつ橙赤色の仮種皮に包まれた種子を出す。

ニシキギ科

ムラサキマユミ／Euonymus lanceolatus
落葉小低木／30～70cm／花期：7月、暗紫色の花

分　布：本州（中部以西の日本海側）
生育地：山林

　高島市内では、山地のブナ林に生育するがやや稀。茎がしなやかで下部は地を這い、日本海側の多雪地に適応した形態を持つ。日本海要素の植物である。茎は緑色で丸く、葉は厚く革質で互生し、濃い緑色をしている。花は、上部の葉の葉腋から3cmほどの柄を伸ばし、その先に1～数個の花をつける。果実は球形で紅色に熟し、5裂すると赤い仮種皮に包まれた種子が現れる。マユミの名前の由来は「真弓」で、弓を作ったことに由来するが、ムラサキマユミは大きくなることなく、弓にすることはできない。

ニシキギ科

マユミ／Euonymus sieboldianus
落葉大低木～高木／3～12m／花期：5～6月、黄緑色の花

分　布：北海道～九州
生育地：山地

　高島市内では、平地から山地の林内に普通に生育する。山地の氾濫原などに群生することもある。材は緻密でよくしなるので、昔は弓をつくるのに使われた事から「真弓」の名がある。枝の基部に集散花序をつけ、1～7個の小さな花を咲かせる。果実は、倒三角形で基部はくさび形。10～11月頃に淡紅色に熟して4つに深く裂けると、赤い仮種皮に包まれた種子が現れ、山の中でもよく目立つ。この果実がかんざしのように見える事から、タヌキノカンザシと呼ぶ地域もある。高島市朽木の針畑地区ではマエビと呼び、若葉をゴマ和えなどにして食べる。若葉の柔らかい時期は短いため、葉を摘むタイミングが難しい。同じニシキギ科にコマユミがあるが、高島市では、どちらもマエビと呼んでいる。

ミツバウツギ科

ゴンズイ／Euscaphis japonica

落葉小高木／3〜6m／花期：5〜6月、白色の花

分　布：本州（茨城県・富山県以西）〜九州
生育地：二次林内、林縁

　高島市内では、平地から山地の林縁部に普通に生育する。葉だけのときはそれほど目立たないが、秋になると断然存在感が出てくる植物である。ミツバウツギ科ゴンズイ属の植物で、日本、朝鮮、台湾、中国暖帯部、亜熱帯上部に分布するなど、暖かい地域が分布の中心である。葉は奇数羽状複葉で、小葉は2〜5対ある。枝は、毎年枯れ落ちるため、2又分枝で伸びる。10月頃、真っ赤な袋果がはじけ、黒い種子が飛び出した様子は美しく、鳥が種子をついばむ。また、果実を観賞するために庭木として植えられることもあるが、あまり利用価値のない植物とされる。名前から魚のゴンズイを思い浮かべるが、役に立たない魚の名前をつけたとする説もある。ゴンズイの若葉は食べられ、中国では果実や種子を腹痛、下痢の薬とする。

ミツバウツギ科

ミツバウツギ / Staphylea bumalda

落葉低木／1.5～3m／花期：5～6月、白色の花

分　布：北海道～九州
生育地：山地の林縁、藪

　高島市内では、山地の林縁や渓流沿いに生育するがやや稀。和名は「三葉空木」の意で、ウツギに似て葉がミツバの形をしている事による。稀に徒長枝に5小葉の葉もあらわれる。枝先に円錐状に花序をつけ多数の花をつける。ウツギと名づけられているが、ウツギとは別の科の植物で髄は中空ではなく、充実している。果実は、平たい風船状で、熟すと先が2～3に分かれる。種子は光沢のある淡黄色である。

クロウメモドキ科

イソノキ／Rhamnus crenata
落葉低木〜大低木／2〜4m／花期：6〜7月、黄緑色の花

分　布：本州、四国、九州
生育地：山野の湿地のまわり

　高知市内では、平地から山地の林縁に生育するがやや稀。山野の谷沿いの林や、やや湿り気の多い所に生える。和名は「磯の木」で水辺に多く生えるとことから名づけられた。葉は柄があって互生するが、新枝ではコクサギ型のつき方をし、今年伸びた枝の片側に2枚つくと、次は反対側に2枚つく。葉の側脈は6〜10対で、縁には細かい鋸歯があり先は急に尖る。花は黄緑色で小さく目立たないが、秋には直径約6mmの核果が黒く熟す。

ブドウ科

ノブドウ／Ampelopsis brevipedunculata var. heterophylla
つる性落葉木／花期：7〜8月、淡緑色の花

分　布：北海道〜九州
生育地：山野

　高島市内では、平地の林縁部や河辺堤防沿いの疎林、林道沿いに普通に生育する。和名は、野にある葡萄の意味である。茎は、葉の反対側に巻きひげを出して、他のものにからみつきながら伸び、その長さは数mに達する。巻きひげは先が二又に分かれている。葉と対生する位置に花序を出し、小さな5弁花を多数咲かせる。果実は、白、黄、赤、瑠璃色と色とりどりである。これは果実が白から始まり、紫を経て瑠璃色に変化しながら熟していくためで、同じ株でも成熟の早晩がある事による。この美しい果実に斑点があったり、形が変形しているのは、ブドウタマバエやブドウカリバチの幼虫が寄生した結果で、まずくて食べられない。葉の裂片が、細かく切れ込んだものをキレハノブドウと呼ぶ。

ブドウ科

ヤブガラシ /Cayratia japonica

つる性多年草／花期：6〜8月、淡緑色の花

分　布：北海道（西南部以南）、本州、四国、九州
生育地：平地の畑、藪

　高島市内では、平地の草地や農耕地周辺、人家周辺に普通に生育する。和名は、巻きひげでからみつきながら茎が数mにも生長し、葉で藪もおおって枯らしてしまうといったようなところから名づけられた。別名ビンボウカズラの名もある。扁平な集散花序に小花を多数つける。見栄えのしない花だが、アゲハチョウ類がよくやってきて、花の花盤から直接蜜を吸うのが見られる。若芽はあく抜きするとぬめりのある山菜となる。民間では、生の根茎をつき砕いて出てくる粘液をはれものや毒虫に刺された所に塗り、痛みや熱をとるのに利用する。生葉を揉みつぶしつけると、打撲、捻挫の妙薬となる。葉は小葉5枚の鳥足状の複葉で粗い鋸歯がある。

ブドウ科

ツタ / Parthenocissus tricuspidata

つる性落葉木／花期：6〜7月、黄緑色の花

分　布：北海道〜九州
生育地：山野

　高島市内では、平地から山地の林縁部に普通に生育する。和名は、巻きひげの先端につく吸盤が垂直の壁でもよじ登り、「伝って」伸びていく様子からきている。常緑のキヅタ「冬蔦」（ウコギ科）に対し、落葉のツタを「夏蔦」という。砂糖が伝わる以前は、つるの液汁をとって煮詰め甘味料を得たらしく、「甘葛」という別名もある。紅葉が美しく、栽培される事もある。葉は粗い鋸歯があり単葉で広卵形。3小葉のものもある。葉と対生する位置に花序をつけ、円錐状に小さな5弁花を咲かせる。果実は球形、秋の末に藍黒色に熟し、白粉がつく。

ブドウ科

エビヅル/Vitis thunbergii

つる性落葉木／花期：6～8月、黄緑色の花

分　布：本州、四国、九州
生育地：丘陵地、山地

　高島市内では、平地から山地の林縁部に普通に生育する。エビヅルは雌雄異株の植物で、果実は球形の液果で、秋に黒く熟し、甘ずっぱく食用となる。葉と対生する形で花序を出し、円錐状に小花をつける。葉は扁卵形で、浅く3裂するものから、深く5裂するものまであり、裂片は卵形または三角状卵形。表面は無毛、裏面は帯赤褐色のくも毛に覆われる。

シナノキ科

シナノキ／Tilia japonica
落葉高木／8〜10m／花期：6〜7月、淡黄色の花

分 布：北海道、本州、九州
生育地：山地

　高島市内では、山地の落葉広葉樹林に生育するがやや稀。シナノキは、花序の下につく舌のような総苞片が特徴的で、果実が熟す時期には長さが10cmほどになる。また、円形をした葉は左右対称ではなく、基部が少しゆがむ。同属の中国原産のボダイジュ（菩提樹）と誤認され、寺院の境内に植えられている事がある。樹皮からとった繊維は、布を織ったり、縄をなったりするのに利用されてきた。和名の由来は、「皮がしなしなする事」「皮が白い事によるシロから」「結束を表すアイヌ語のシナから」などの説がある。葉腋に集散花序を出し、5弁花を多数開く。

シナノキ科

カラスノゴマ /Corchoropsis tomentosa

1年草／30～60cm／花期：8～9月、黄色の花

分　布：本州（関東以西）、四国、九州
生育地：畑、路傍、草地

　高島市内では、平地の草地や人家周辺、林縁部に普通に生育する。植物全体に星状毛が生えるのが特徴で、茎は丸く、直立する。葉は互生し、長い柄の先に卵形で先の尖る葉をつける。葉には縁に鈍鋸歯があり、3脈が目立つ。花は葉腋に1個下向きに咲く。真ん中にある緑色の雄しべのまわりに5本の黄色の仮雄蕊がとりまき、その外側に本物の雄しべ（仮雄蕊よりずっと短い）が10～15個つく。果実は蒴果で、角状円柱形、長さ3cm程にもなる。種子は卵形で黒褐色。この種子をカラスの食べるゴマにたとえて和名がつけられたという。茎の繊維をアサの代用として、ひもや袋をつくるのに利用した。シナノキ科の草本は種類が少ないが、南方で見られるツナソはジュートという繊維をとるためにパキスタンなどで栽培されている。また、ツナソやそれによく似たシマツナソは、ともに若芽を食用にし、特にシマツナソは「モロヘイヤ」の名で、日本でも広く栽培されはじめた。

ジンチョウゲ科

オニシバリ（ナツボウズ） /Daphne pseudo-mezereum

落葉小低木／1～1.5m／花期：7～8月、淡黄緑色の花

分　布：本州～九州（中部）
生育地：林内

　高島市内の北部に生育するが自生地が限られやや稀。山腹や乾燥する尾根にはなく、落葉広葉樹林内にできたくぼ地の、適湿地に生育する。ジンチョウゲ科の植物で、庭木とされるジンチョウゲや和紙の材料とされるミツマタと同じ仲間。オニシバリも繊維が強く、簡単には折れない。全体に無毛で、葉は枝先に集まり互生し、半皮質でやわらかく、長楕円形で長さ5～13cm、幅1～3cm。雌雄異株で、株立ちする。和名は鬼縛で、繊維の強い様子からつけられたものだろう。また、別名は夏坊主（ナツボウズ）と言い、盛夏の1ヶ月の間、葉を落としてしまうことからつけられた。5月～7月に熟す赤い実は有毒。

グミ科

ナワシログミ／Elaeagnus pungens

常緑低木／約2.5m／花期：10〜11月、白色の花

分　布：本州（伊豆半島以西）、四国、九州
生育地：海辺から山地

　高島市内では、平地の林縁部や日当たりのよい疎林に普通に生育する。グミ類には常緑のものと落葉のものとがあるが、ナワシログミは常緑樹。枝はよく分枝し、小枝はしばしば刺状になる。葉は革質で、縁は波打ち、裏面は褐色と銀色の鱗片がある。花は10〜11月に咲き、翌年の5月頃、長楕円形で長さ1.5cmほどの実が熟す。和名は、苗代を作る頃に実が赤く熟するところから名づけられた。果実は胡頽子と呼ばれ、下痢止めの効果がある。

スミレ科

オオバキスミレ／Viola brevistipulata

多年草／15〜30cm／花期：6〜7月（低山では5月）黄色の花

分　布：北海道〜本州（北部〜近畿地方北部の日本海側）
生育地：山地

　高島市内では、北部県境尾根付近（マキノ町〜朽木）の、冬季の積雪が多い地域に生育し、平地には見られない。スミレサイシン、トキワイカリソウなどと同じ日本海要素の植物とされ、雪の多さと結びついた植物の1つである。また、花崗岩質の荒地に生育することも多く、パイオニア的であるが、採集圧が強く、近年個体数の減少が見られる。滋賀県内では、野坂山地をはじめ、伊吹山地、余呉町、木之本町に自生し、滋賀県版レッドデータブックでは、分布上重要種とされる。高島市内の自生地は、本州の南限にあたる分布であり、大変貴重である。黄色い花を咲かせるスミレで、地下茎は横に這い、立ち上がった茎の上方に3〜5枚の葉をつけ、下方にはない。

スミレ科

タチツボスミレ/Viola grypoceras

多年草／10〜30cm／花期：4〜5月、淡紫色の花

分　布：北海道〜九州
生育地：平地、山地

　高島市内では、平地の道ばたや農耕地周辺に普通に生育する。タチツボスミレは日本の代表種ともいうべきスミレで、人目にふれる場所に多く、茎のあるスミレの1つである。環境によく適応し、個体数が多いため、形や葉、花などの色彩に変異が多い。地下茎は短く横たわり、やや木化し、地上茎は数本出て、ななめに立つか、横にねる。花弁の長さは1.2〜1.5cm、左右相称で距がある。花は根もとから柄の出るものと茎頂につくものとが同時に咲く。葉は心形で、低い鋸歯があり、上方で急に尖る。くしの歯状の鋸歯のある托葉がある。時に白花が見られる。

スミレ科

コタチツボスミレ／Viola grypoceras var. exilis

多年草／6〜20㎝／花期：4〜5月、淡紫色の花

分　布：本州（近畿以西）、四国、九州
生育地：山地

　高島市内では、山地の日当たりのより林道沿いの土手、草地に普通に生育する。コタチツボスミレは、西日本に多く分布し、全体が小形のタチツボスミレである。タチツボスミレの小形品との違いを区別する事は難しく、その同定や分布は研究者によって異なる。群落を作る場合が多いが、タチツボスミレと混生する事もある。地上茎はタチツボスミレに比べ倒れて横たわり細い。葉は扁三角形に近くなる。

スミレ科

オオタチツボスミレ／Viola kusanoana

多年草／20～40cm／花期：4～5月、淡紫色の花

分　布：北海道、本州（日本海側）、九州（北部）
生育地：山地の林床

　高島市内では、平地から山地の林縁部や草地に普通に生育する。日本海地域系の植物の1つである。タチツボスミレより花色がやや濃く、全体的に大型であり、和名もここからきている。タチツボスミレより高地にみる事が多い。また、葉は丸みが強く、大きい。葉身は円心形、低い鋸歯があり、托葉は羽状に深裂する。花はすべて地上茎の上につき、根もとから出るものはない。夏には閉鎖花を多く出して果実をつける。

スミレ／Viola mandshurica

多年草／7〜10cm／花期：4〜5月、濃紅紫色の花

分　布：北海道〜九州
生育地：平地、丘陵地、草地、路傍

　高島市内では、平地の市街地、人家周辺、グラウンドなどに普通に生育する。和名は、花の咲きはじめの形が大工道具の「墨入れ」に似ている事によるという説と、古来、摘んでは汁やおひたしで食したため、「摘み入れ」が音韻変化したという説がある。子どもが距をひっかけて引っぱり相撲を取るので、スモウトリバナの方言名もある。万葉の昔から人々に愛されてきた。

　春の野にすみれ摘みにと来しわれそ野をなつかしみ一夜寝にける
　　　　　　　（万葉集　山部赤人）

　姿が似ているノジスミレとは、全体に密に白毛があり、地下茎は太短く、葉は披針形で鈍頭、低い鋸歯があり、花時は先が円く、夏は尖った三角形になるなどの点で区別できる。

スミレ科

ニオイタチツボスミレ/Viola obtuse

多年草／10～15㎝／花期：4～5月、濃紅紫色の花

分　布：北海道（西南部）～九州（屋久島）
生育地：草地

　高島市内では、日当たりのよい草地や道ばた、堤防沿いなどにやや稀に生育する。タチツボスミレの仲間は、高島市内に数種分布し、いずれも身近な種類である。ニオイタチツボスミレも注意深く見ていくと、庭先などに見つかる。ただ、タチツボスミレと混生し、また、混同されることもあり、あまり認識されていない種類である。個体差はあるが、全体に白い短毛があることから、どことなく柔らかい感じのする植物で、慣れると一見して区別できる。また、花弁は少し丸みがあり、花の中心は白く抜けて見える。花には芳香があり、受粉する前は特に強く臭う。地下茎は短く、節は密につく。根出葉は円心形で、長さ2～3㎝。茎葉は長さ2.5～3㎝の三角状狭円形。托葉はくし状に裂ける。

スミレ科

フモトスミレ／Viola sieboldii

多年草／3〜6cm／花期：4〜5月、白色の花

分　布：本州（関東以西）〜九州
生育地：林内

　高島市内では、低山から山地にかけて普通に生育する。タチツボスミレやツボスミレなどのように群生することはないが、アカマツ林から落葉広葉樹林など、幅広く生育する。余り湿り気の多いところにはなく、斜面上部や尾根などに多い。やや小型のスミレで、葉に斑入りのあるものも多い。葉形には変化があり、卵形〜広卵形で、基部が心形となるものから、三角形のものまである。裏面は濃い紫色を帯びたものが普通。斑入りでないものは、シハイスミレと間違えることがあるが、葉の表面の基部に開出する毛があり、無毛なシハイスミレとの区別点となる。夏にもまだ花を咲かせることもあり、晩秋に季節はずれも花を咲かせることもある。

スミレ科

ヒゴスミレ／Viola chaerophlloides
多年草／5〜10cm／花期：4〜5月、白色の花

分　布：本州〜九州
生育地：林内

　高島市内では、山地の落葉広葉樹林に生育するが稀で、生育地も限られ、個体数も少ない。春先、まだ、高木の葉が展開する前に明るく開けた林床で花を咲かせる。西日本に多いスミレで、時に群生することもある。県内では伊吹山地、比良山地、高島市に分布するが、採集圧も強く、滋賀県版レッドデータブックでは希少種とされる。葉は、エイザンスミレによく似ているが、さらに深く切れ込み、全体の形は五角形となる。スミレの類は花が終わると大きくなるものが多いが、10cm程の大きさになる。花は1.5〜2cmで、エイザンスミレよりやや小さいが、高島市内には、エイザンスミレは確認されていない。

スミレ科

スミレサイシン / Viola vaginata

多年草／5～15cm／花期：4～6月、淡紫色の花

分　布：北海道（西南部）、本州（日本海側）
生育地：林床

　高島市内では、山地の渓谷沿いや林縁部に普通に生育する。北部山地に多い日本海要素の植物の1つ。日本のスミレの中で最も大きい葉をつける。和名は夏葉がウマノスズクサ科のウスバサイシンに似ている事よりついた。地下茎は太くて横たわり長く、密接した節がある。多産する地方では、地下茎をとろろにして食べる。葉は少数で、花より遅れて開き、円心形で急に尖り、低い鋸歯がある。托葉は膜質で褐色。果実は閉鎖花からできる。

307

スミレ科

ツボスミレ／Viola verecunda
多年草／10〜20cm／花期：4〜5月、白色の花

分　布：北海道〜九州
生育地：平地、丘陵地、山地

　高島市内では、平地の農耕地周辺に普通に生育する。スミレの中では比較的湿気のある場所を好む。地上茎があり、多数分枝する。花は小さくあまり目立たないが、唇弁にある紫色の縞がアクセントになっている。葉は扁心形で基部は広く湾入し低い鋸歯がある。和名は「坪（庭）スミレ」の意で、人家周辺に生えている事からつけられた。また、ニョイスミレ（如意スミレ）の別名がある。これは中国名の「如意草」に由来し、葉の形が僧の持つ如意に似ていることによる。

スミレ科

シハイスミレ／Viola violacea

多年草／5〜8cm／花期：4〜5月、濃紅紫色の花

分　布：本州（長野南部以西）、四国、九州
生育地：丘陵地、山地

　高島市内では、山地の林内や日当たりのより草地に普通に生育する。丘陵地や山地のほか路傍にも普通にみられるスミレである。和名は「紫背スミレ」で、葉の裏が紫色を帯びている事から名づけられた。葉はつやがあって厚みがあり、三角状狭卵形で長く尖り、ときに葉脈に沿って白斑が入る。花の色は普通濃い紅紫色だが、変異も多い。変種のマキノスミレはシハイスミレより葉の幅が狭く、主に近畿地方以北に分布するが、近畿地方では両者の区別は困難になる場合が多い。

キブシ科

キブシ／Stachyurus praecox
落葉低木／3〜7m／花期：3〜5月、淡黄色の花

分　布：北海道（西南部）〜九州、小笠原
生育地：山地の林縁

　高島市内では、平地から山地の林縁部や林道の法面などに普通に生育する。キブシ科キブシ属の植物で、東アジアからヒマラヤに数種が分布する。全国に普通な植物で、花が少ない早春、カンザシを思わせる黄色い花は、山でよく目立つ。葉は長卵形から卵形で、長さ6〜12cm、幅3〜6cm。表面はやや光沢があり、草質。花が終わるとブドウのように垂れ下がる実ができる。秋、黄褐色に熟した実はタンニンを含み、ヌルデの五倍子のかわりに、黒色を出す染料植物として使う地方もあり、木五倍子の名がついた。茎の中の白い髄を取り出したものを、祭りの飾りとして使う地方がある。花をフジに見立て、黄藤、豆藤の別名もある。

ウリ科

ゴキヅル / Actinostemma lobatum

つる性1年草／花期：8〜11月、黄緑色の花

分　布：本州〜九州
生育地：水湿地

　高島市内では、内湖周辺や沼周辺の湿地に普通に生育する。ヨシやマコモが茂る中、巻きひげで他の植物に絡みつきながら生育する。葉は、三角状披針形で長い柄がある。雄花は目立たない黄緑色で、雌花は雄花序の上につく。秋、長さ2cm程の実が茎にぶら下がる。この実は、上下に分かれ下半分には突起があり、熟すと蓋がはずれるようにとれる。中には、2個の大きな種子が入っていて、外れたひょうしに水の中に落ちる仕組みになっている。和名は、2つに分かれる果実の様子が、合わせ蓋をもつ容器（合器：ごき）に似ているつる植物であることによる。ゴキブリは、合器をかぶる虫ということでつけられた。種子には20％以上のオイルが含まれ、食用や薬用とされることもある。

ウリ科

アレチウリ / Sicyos angulatus
1年草／花期：8〜9月、黄白色の花

北アメリカ原産の外来植物
生育地：原野、路傍、河川敷

　高島市内では、河川堤防沿いの林縁や畑地周辺の荒地に生育するがやや稀。県内では、林縁部を覆いつくすように生育する地域もあり、指定外来生物に指定されている。高島市内でも今後は猛威を振るう植物になることが予想される。1952年に静岡県清水港で見つかり、各地に広がった。ウリ科の植物で、ひょうたんとよく似た葉を持ち、心臓形で5〜7浅裂し、表面はざらつく。ウリ科特有の長い巻きひげをもち、他の植物に巻きついて数mに達する。楕円形をした果実は、長さ1cm程と小さく、表面には長くやわらかい刺が密生する。和名は荒地瓜の意味。

ウリ科

カラスウリ／Trichosanthes cucumeroides

つる性多年草／花期：8〜9月、白色の花

分　布：本州（東北地方南部以南）、四国、九州
生育地：山野

　高島市内では、平地の林縁部や河辺堤防沿いの疎林に普通に生育する。晩秋、山野の裾で木や塀に絡みついて真っ赤な実をぶら下げているカラスウリの姿はよく目立ち、秋の風物詩になっている。葉は互生し、卵心形から腎心形で縁に鋸歯があり、ふつう3〜5浅裂する。花は馴染みは少ないが、真夏の夜に花冠が5裂して縁が繊細なレース状に裂けた純白の花を咲かせる。優美で神秘的であるが、残念な事にこの花は日没後に開き、朝にはしぼむのでその姿を目にする機会は少ない。雌雄異株で、開花中に「夕顔別当」（エビガラスズメという蛾）が花粉媒介を行う。種子はカマキリの頭に似ており、玉ずさ（結び文）とも呼ばれる。

ミソハギ科

ミソハギ / Lythrum anceps

多年草／0.5〜1m／花期：8〜9月、紅紫色の花

分　布：北海道〜九州
生育地：山野の湿地、水田の周辺

　高島市内では、平地の湿地や田んぼの溝にやや普通に生育する。ミソハギは「溝萩」ではなくミソギハギ（禊萩）の意で、汚れを払うための禊ぎにこの花を飾ったためこの名がつけられた。庭でよく栽培され、旧盆の頃に、直立した草丈1m前後の茎の先端に紅紫色の小さな花を穂状に多数咲かせる事から仏前のお供えにもよく使われる。ボンバナ、ショウロウバナの別名もある。葉は披針形で十字に対生する。エゾミソハギによく似ているが、エゾミソハギが茎・葉ともに毛を密生し、葉が茎を抱くのに対し、ミソハギは毛がない事、葉が茎を抱かない事から区別できる。

ミソハギ科

キカシグサ / Rotala indica

1年草／10〜15cm／花期：8〜10月、淡紅色の花

分　布：北海道〜九州
生育地：水田、湿地

　高島市内では、水田や水田跡地などにやや普通に生育する。小型の植物で、見落としがちだが、普通な植物である。水田は、除草剤の普及により様々な植物が減少したり、なくなったりしていった。その中にあり、比較的減少しなかった植物である。茎はやわらかく、基部は横に這って分枝する。葉は倒卵状楕円形で、長さ0.6〜1cm、幅0.3〜0.5cm。柄はなく、互生する。花は葉腋に1個ずつつき、直径約2mm。花弁はごく小さな心形で、雄しべは4個。中国名は節節菜で、若芽は食用にできる。語源は不明。

ヒシ科

ヒシ /Trapa japonica
1年草／花期：7〜10月、白色の花

分　布：北海道〜九州
生育地：池、沼

　高島市内では、内湖や池、琵琶湖の湾部に普通に生育する。ヒシ科はヒシ属だけからなり、世界に約30種あるとされる。日本には4種類が記録され、高島市にはヒシと刺が4本のコオニビシが見られる。春、水底に落ちた実が発芽し、水面まで茎を伸ばし浮葉を広げる。富栄養な水域を好み、近年、沼や琵琶湖、水路の水質の悪化に伴い、異常繁茂することもしばしばある。実には、生の状態で20％のでんぷんを含み、ゆでたり焼いたりして食べる。高島地域においても食用として利用した。今も、若いヒシを採取し「ひしめし」などで食べる地域が高島にもある。また、最近は、飾りやクラフトの素材として、長さが5cm程もある大きな、トウビシが売られている。和名は、果実が押しつぶされたような形から「拉ぐ」となり、ヒシとなったという説や、葉の形が拉げた形であることなどの説がある。

アカバナ科

ミズタマソウ / Circaea mollis

多年草／20〜50㎝／花期：8〜9月、白色〜淡紅色の花

分　布：北海道〜九州
生育地：山地

　高島市内では、山地の林縁部や半日陰地に生育するがやや稀。花は小さく目立たないが、白い花びらは先端がへこみ、2枚の萼と2枚の雄しべを持つなど、独特の形態を持つ。萼の下にある果実には、鉤状の白毛が密生する。同じような毛は、同属のウシタキソウやミヤマタニタデにも見られる。鉤状の毛や刺毛をもつ植物はオナモミやキンミズヒキ、ヤエムグラ、ヤブジラミ、オオオナモミ、センダングサなどたくさんあるが、動物の体に種子が引っつき散布される、付着散布型の植物である。よく似たタニタデは、茎の筋が膨らみ、紅紫色を帯びる事などで区別できる。葉は対生し長い柄がある。和名は水玉草で、白毛のある果実の様子から名づけられた。

アカバナ科

アカバナ /Epilobium pyrricholophum
多年草／15〜90cm／花期：7〜9月、紅紫色の花

分　布：北海道〜九州
生育地：山野の水湿地、田の畦

　高島市内では、平地から山地の湿地や放棄水田に普通に生育する。水辺などで比較的よくみられる多年草で、和名のアカバナ（赤花）は、秋に茎や葉が紫紅色に染まる事からつけられたという。葉は対生し、卵形から卵状披針形で縁に鋸歯があり、基部は茎を抱く。花弁の先が2浅裂し、柱頭が棍棒状になるのが花の特徴である。花柄のようにみえるのは子房で、花後長い棒状の蒴果をつける。蒴果は熟すと4裂し、赤褐色の冠毛が生えた種子が風で飛び散る。漢方では心胆草の名で、全草を下痢止めなどに利用する。

アカバナ科

チョウジタデ／Ludwigia epilobioides
1年草／30〜70cm／花期：8〜10月、黄色の花

分　布：北海道〜九州
生育地：水田、湿地

　高島市内では、水田や放棄水田、琵琶湖岸の低湿地などに普通に生育する。日本や東アジアに分布するありふれた雑草だが、除草剤の使用で一時は減少し、その後放棄水田などで増えている。茎は直立し、いくつもに枝分かれして、稜がある。茎は赤色を帯びることがあり、秋には全体が紅葉する。葉は披針形から長楕円形で互生し、長さ2〜10cm、幅1〜2cm。和名は丁子蓼で、葉が蓼に似ていて、花弁の落ちた後の様子が、フトモモ科の丁子に似ていることによる。最近は、良く似た北アメリカ原産のヒレタゴボウ（アメリカミズキンバイ）も見られるようになった。

アカバナ科

メマツヨイグサ／Oenothera biennis
2年草／0.3～1.5m／花期：7～9月、黄色の花

北アメリカ原産の外来植物
生育地：路傍、空き地、河原、荒れ地

　高島市内では、平地の路傍、河川敷、荒地などに普通に生育する。北アメリカ原産の外来植物で、明治後期に渡来し戦後急速に分布を広げた。発芽後、ロゼット葉で越冬し、翌年茎を伸ばして開花する。葉は卵形から長楕円状披針形で、縁に低い鋸歯がある。花はオオマツヨイグサより小さく、花弁の間に隙間があるものをアレチマツヨイグサ、ないものをメマツヨイグサと呼ぶ事もあるが、中間型も多く明確な区別は難しい。花は夜開花するが日中も残っている事がある。長楕円形の蒴果をつけ、熟すと4つに裂ける。

アカバナ科

オオマツヨイグサ /Oenothera erythrosepala

2年草／0.8〜1.5m／花期：7〜9月、黄色の花

北アメリカ原産の外来植物
生育地：海辺、河原

　高島市内では、道ばたや山地の草地に生育するがやや稀。夕暮れを待って花を咲かせ、朝日を受けてしぼんでいく。マツヨイグサの仲間には、オオマツヨイグサ、メマツヨイグサ、コマツヨイグサなど、世界におよそ200種、日本に14種ほどが帰化している。すべてアメリカ大陸が故郷である。古くから知られた花のように思われがちだが、多くは黒船以降、アメリカとの交易が盛んになるにつれ増えてきた。オオマツヨイグサは、もとは、ヨーロッパで作り出された園芸種とされる。日本には、観賞用として持ち込まれ、野生化していった。高島市内で普通に見かけるのは、荒地や湖岸などに多いメマツヨイグサで、オオマツヨイグサは近年少なくなってきた植物の1つである。

アカバナ科

コマツヨイグサ／Oenothera laciniata

越年草／約60cm／花期：7〜8月、淡黄色の花

北アメリカ原産の外来植物
生育地：海岸、河原、空き地

　高島市内では、琵琶湖岸の砂浜や河川敷に普通に生育する。琵琶湖岸にしろ河川敷にしろ、砂地のやや不安定な立地に生育する。茎は基部でよく分枝し、地面を這いながら、四方に広がる。低い姿勢をとることにより、河川敷では大水のあとも流されることなく、生育し続けることができる。茎の先は斜上し、花を咲かせる。全体に毛が多く、少し粘つく。花は、他のマツヨイグサ同様夜に開花し、しぼんだ花びらは、赤みを帯びる。1910年代前後に渡来したとされ、現在は東北地方以南に広がる。

アリノトウグサ科

アリノトウグサ /Haloragis micrantha

多年草／10～40cm／花期：7～9月、黄褐色～紅色の花

分　布：北海道～九州
生育地：山野の湿った裸地

　高島市内では、平地の日当たりの良い草地や荒地に普通に生育する。アリノトウグサは、小さくて目立たない草本で、花粉を風に頼って運ぶ風媒花である。風で飛んでくる花粉を受け取りやすいように羽毛状の柱頭をもち、雄しべや花弁が落ちたのち、それを展開して受粉する。熱帯を中心に分布するが、日本にはツバメなどによって運ばれてきたものと考えられている。和名は「蟻塔草」で、草全体を蟻塚に、小さな花をアリに見立てたものという。葉は対生、上部の葉はときに互生し、卵円形で小さい。縁に鈍鋸歯がある。茎の下部から枝を出し、小さな花を下向きに多数つける。果実は球形で下向きにつき、8本の稜がある。

ウリノキ科

ウリノキ /Alangium platanifolium var. trilobum

落葉低木／約3m／花期：6月、白色の花

分　布：北海道～九州
生育地：山地の渓流沿い

　高島市内では、山地の渓谷沿いや林内に普通に生育する。山地でも、やや湿り気の多い薄暗い林内に生育し、大きな葉の下に隠れるように花をつける。花は6枚の花弁がぜんまいのようにまくれあがり、その間から雄しべの葯が突き出る特異な形をしている。和名は、葉の形がウリの葉に似ている所からといわれるが、一説には折れやすい幹がウリに似た臭いをもつためともいわれる。葉は互生し、長い葉柄の先に掌状の大きな葉をつける。果実は広い楕円形で、秋に藍色に熟す。

ミズキ科

ヒメアオキ／Aucuba japonica var. borealis
常緑低木／1〜1.5m／花期：3〜5月、緑色〜紫褐色の花

分　布：北海道、本州（日本海側）
生育地：山地の林床

　高島市内では、山地の二次林や落葉広葉樹林に普通に生育する。和名は近縁のアオキに似て、全体に小形であるということによるが、「アオキ」は幹や枝が緑色をしている所から名づけられた。葉は対生し、長楕円形、光沢のある厚めの葉で、縁には大まかな鋸歯がある。果実は楕円形で、秋から冬に赤く熟す。ヒメアオキは、母種のアオキが多雪地帯の雪圧に対する適応で形態変化したものと考えられていたが、最近の研究で、母種はヒメアオキの方でアオキはそれから進化したものであるらしいという事がわかってきた。この両者には中間形も見られる。アオキとは葉が小形である事、葉柄や若い枝、芽などに伏毛が多い事などで区別される。

ミズキ科

ヤマボウシ／Benthamidia japonica
落葉小高木〜高木／5〜10m／花期：6〜7月、白色の花

分　布：本州、四国、九州
生育地：山地

　高島市内では、山地の二次林や落葉広葉樹林に普通に生育する。
　谷川に姿うつして山法師見る人なくて清らかに咲く（山崎昌夫）
　比較的深山に生育するため人の目に触れる事が少なかったヤマボウシだが、今では公園などに植えられ結構目にするようになった。和名は「山法師」の意で、球形の頭状花序を僧の坊主頭に、白い総苞片をその頭巾に見立てて名づけられた。葉は対生し卵形で、縁は全縁でやや波打つ。果実は球状のイチゴのような形になり、秋、赤く熟して食べられる。材は黄褐色で光沢があり、緻密で均質なため折れにくく、のみや鉋などの木部や木槌を作るのに利用される。

ミズキ科

ミズキ /Swida controversa

落葉高木／10〜20m／花期：4〜6月、白色の花

分　布：北海道〜九州
生育地：山地の谷沿い、丘陵地

　高島市内では、平地から山地の川沿いに普通に生育する。枝は水平に展開し、階段状の特有な樹形を示し、1年に1段ずつ成長する。この木の根は吸水作用が強く、特に早春に最も強くなる。和名は「水木」の意で、この頃に枝を切ると水が滴り出るため名づけられた。葉は互生し、広卵形から楕円形で全縁。先は短く尖る。果実は球形で、秋に紫黒色に熟し、ヒヨドリが好んで食べる。材は白色で柔らかく、細工物やこけしの材として使われる。よく似た植物にクマノミズキがあるが、葉が対生である事と、花期が1ヶ月ほど遅い事で区別される。高島市ではミズハシカという。

ミズキ科

ハナイカダ／Helwingia japonica
落葉低木／約2m／花期：5～6月、淡緑色の花

分　布：北海道（南部）～九州
生育地：二次林内、植林地

　高島市内では、山地の渓谷沿いのやや湿り気の多い場所に生育するがやや稀。和名は「花筏」の意で、花や実が葉の表面中央の主脈上につく様子から、葉を筏にたとえ、中央の花を人に見たてて名づけられた。葉腋から出た花軸が葉柄と葉身の中央脈に癒合したため、このような姿となった。葉は互生し、倒卵形から楕円形で、縁には芒状の鋸歯がある。両面とも無毛でつやがある。果実はほぼ球形で、黒紫色に熟し、甘みがあって食べられる。地方によっては、若芽をママッコと呼んで食用にする。高島市ではママコイジメという。

高島市の自然　Ⅱ

　高島市は、北・南・西の三方を山に囲まれ、東は琵琶湖に接する。山地部は中央分水嶺が通り、標高1000m近くに達する。急峻な山には深い谷を刻み、山地から流れ出た川は肥沃な土壌を運び沖積平野をつくる。河口には大きなデルタを形成し、湖岸には広い砂浜が広がる。また、冬には北西の季節風が山地部に多量の雪をもたらし、湖岸は海洋的な自然環境を作り出している。地形は変化に富み、気候は表と裏との接点にあたり、しかも、今日まで大きな開発をまぬがれたことから、豊かな自然環境が今も残る。

天増川（あますがわ）のハンノキ林

　天増川の上流部に形成された広い氾濫原に、ハンノキ林が見られる。胸高直径40〜50㎝にもなる、立派なハンノキ林で、湿潤な林床には、ワサビ、オオケタネツケバナ、ヒメザゼンソウ、キタヤマブシ、ナガエノアザミなどが生育する。

白鬚（しらひげ）神社社叢林

　鵜川の白鬚神社は湖中に立つ朱塗りの鳥居がランドマークの神社である。国の重要文化財に指定された本殿の山手には、シイを主体とした森が広がる。

天増川のハンノキ林

白鬚神社社叢林

ウコギ科

ケヤマウコギ／Acanthopanax divaricatus

落葉低木／約3m／花期：8～9月、白色の花

分　布：北海道～九州
生育地：山地の林内

　高島市内では、今津町に自生するがやや稀。タラノキやコシアブラなど、山菜として有名なウコギ科に属する。名前にもあるように、若枝や若葉には綿毛を密生し、やがて無毛となる。葉は掌状で、5枚の小葉がつき、長さ4～12cm、幅2～6cm。倒卵状長楕円形で、真ん中が一番大きい。今年のびた枝の先に、円錐状に丸い散形花序をつけ、多数の花を咲かせる。果実は球形で0.6～0.8cm。多数が集まって、ボール状となる。和名は、枝葉や花序に毛が多いことによる。ウコギは五加木で中国原産の樹木。生垣として植えられることもある。

ウコギ科

コシアブラ / Acanthopanax sciadophylloides

落葉小高木～高木／7～10m／花期：8～9月、黄緑色の花

分　布：北海道～九州
生育地：山地

　高島市内では、山地の二次林や落葉広葉樹林に普通に生育する。春、若芽をつけ根からもぎとり天ぷらにするか、ゆでてゴマ味噌和えなどにして食べる。脂肪とタンパク質に富み、コクのある風味は山菜の中でも一級品。材が柔らかいのでナマドウフとかダイコンギなどの地方名がある。別名ゴンゼツも日本各地で広く使われている。和名は「漉し油」で、昔この木の樹脂をこして漆に似た塗料とし、その塗料を「金漆」と呼んだ。材は白色で軽く、経木材にされ、また箱や下駄などが作られた。高さ20m、直径50cmに達するものもあり、直立するものが多い。葉も大きく、5枚の小葉からなり、小葉は倒卵形、頂小葉がもっとも大きく、縁に先が芒状にとがった鋸歯がある。果実は扁平な球形で、黒熟する。高島市ではレンゾウ、センゾウという。

ウコギ科

ヤマウコギ / Acanthopanax spinosus
落葉低木〜大低木／2〜4m／花期：5〜6月、黄色の花

分　布：本州（岩手以南）
生育地：平地の林床

　高島市内では、山地の渓谷沿いの疎林や林縁部に生育するが稀。ウコギ科の植物にはタラノキをはじめコシアブラ、タカノツメなど、山菜として食用に供されるものが多い。ヤマウコギなどのウコギ類は、若葉を摘んでおひたしや、炊きたてのご飯にきざんだウコギを入れて「ウコギ飯」として食べられる。少し香りがあり、あくもなく食べやすい。ヤマウコギは雌雄異株で、茎には刺がある。葉は、5出掌状複葉で、小葉には鈍鋸歯がある。和名は、中国にある同属の「五加」をウコと発音する所から、命名されたとする説がある。

ウコギ科

ウド / Aralia cordata

多年草／1〜1.5m／花期：8〜9月、淡緑色の花

分　布：北海道〜九州
生育地：谷沿い、湿った草地

　高島市内では、平地から山地の林縁部に普通に生育する。若く柔らかい茎は、独特の香りと風味を持ち、古くから春の山菜として親しまれてきた。江戸時代にはすでに栽培されていたというが、現在も茎を軟白したものが市販されている。野生のものをヤマウドと呼んで栽培品と区別する事もあるが両者は同一種。サラダ、酢味噌和え、煮物などにして食べるが、天ぷらにも好適。茎は太く、短毛があり、地下の根茎は長く肉質でときに群生する。葉は互生し、長い柄があり、広くて大きい2回羽状複葉となり、広三角形で、ほぼ水平に広がる。花はヤツデに似た散形の小花序を総状につける。果実は球形で、秋に黒色に熟する。

ウコギ科

タラノキ／Aralia elata
落葉低木～小高木／2～5m／花期：8月、白色の花

分　布：北海道～九州
生育地：道路沿い、川岸、伐採跡地

　高島市内では、平地から山地の林縁部や荒地に普通に生育する。春に出る若芽はタラノメと呼ばれ、良く知られた山菜である。高島市内では、あまり食べる習慣はなかったが、最近は食べる人も増えてきた。ウドに似た香気があり、天ぷらや和え物にするとおいしいが、生のまま味噌をつけて食べることもできる。茎は直立し、あまり分枝しない。葉は枝先に集まって広がり、大型の奇数羽状複葉を互生する。果実は球形で、液質、黒熟し、5個の種子がある。盛夏、枝先に長さ30～50cmの大きな花序を伸ばし、多数の花を散形につける。葉や茎には鋭い刺が多く、オニタタキやヘビノボラズの名前がある。時に、茎や葉に刺がないか少ないものがあり、メダラと言う。樹皮、根皮には薬用成分を含み、民間で腎臓病や糖尿病などに効果があると言われている。また、葉を煎じて健胃剤とすることもある。

ウコギ科

タカノツメ /Evodiopanax innovans

落葉小高木／6〜8m／花期：5〜6月、淡緑色の花

分　布：北海道〜九州
生育地：山地の林床、尾根筋

　高島市内では、平地から山地の落葉広葉樹林に普通に生育する。冬芽は卵状円錐形で、多数の褐色の鱗片におおわれ光沢がある。和名はこの冬芽が「鷹の爪」を思わせることからつけられた。材が柔らかくて削りやすい事から別名イモノキともいう。タカノツメとコシアブラは、幹がまっすぐに立ち樹皮が灰白色で滑らかである。ともに箱、杓子、箸などの器具材として用いられる。両者を区別するとき、地方によってはタカノツメをオトコゴンセツ、コシアブラをオンナゴンセツと呼ぶ。コシアブラより低山に多く、雌雄異株。葉は倒卵状楕円形の3小葉からなる複葉で枝先に集まってつく。ウコギ科のなかで3小葉のものは珍しい。果実は長さ5〜6㎜。

ウコギ科

トチバニンジン / Panax japonicus

多年草／50〜80cm／花期：6〜8月、淡緑黄色の花

分　布：北海道〜九州
生育地：山地の林床

　高島市内では、山地の林内に生育するがやや稀。トチバニンジンの名は葉がトチノキの葉に似ている事に由来する。チョウセンニンジンと地上部は似ているが根ではなく根茎が発達して横に這い、節が目立つ。そのためチクセツニンジン（竹節人参）の別名もある。茎は細いが直立している。トチノキに似た葉は掌状複葉で、3〜5個輪生している。両性花で球形に多くの花をつける。果実は8〜10月頃赤熟する。鮮紅色の果実に先端部が黒く染まり2色になるものがある。去痰、解毒、健胃に用いられるがサポニン成分はチョウセンニンジンとは大部分が異なっていて、薬効も違うとされる。

336

セリ科

シシウド / Angelica pubescens
多年草／1～2m／花期：8～11月、白色の花

分　布：本州、四国、九州
生育地：山地、林縁

　高島市内では、山地の林道沿いや林縁部に普通に生育する。日本特産の植物で、和名は「猪独活」の意で、ウドに似ていて、イノシシが好物にしそうなほど大型で壮大な姿の植物である事から名づけられた。別名にウドタラシ、タカオキョウカツがある。茎は中空で太く細毛があり、上部で枝を張る。葉にも細毛があり、2～3回3出羽状複葉で、小葉は長楕円形で鋸歯を持ち、下面脈上にも細毛がある。葉柄の基部がふくらみ、鞘となり、袋状になる。茎の先から放射状に伸びた花茎の先端がさらに四方にはりだし、多数の小花をつける。5個の花弁は、内側にまいている。果実は両端のへこんだ楕円形で紫色を帯び、翼がある。

セリ科

シラネセンキュウ / Angelica polymorpha

多年草／0.8～1.5m／花期：9～11月、白色の花

分　布：本州、四国、九州
生育地：山地、谷川の縁

　高島市内では、山地の林道沿いに生育するがやや稀。センキュウは中国原産の薬用植物であるが、シラネセンキュウは日光の白根山で発見された日本在来の野生種である。昔は、薬草として使われ、貧血、めまい、冷え症、産後、鎮痛、鎮静に薬効があるとされている。鈴鹿山脈に多い事から、別名スズカゼリともいう。

茎は細長く直立する。花柄の基の葉が幅広く、なかば袋状で、3～4回3分裂して、羽状複葉になる。小葉は薄く卵形で裏面は帯白色である。秋に、放射状の細い小枝の先に、広い倒卵形の白い花を集めて玉のように咲く。果実は、広い楕円形で、側翼は広くて薄い。分果を持つ。

セリ科

シャク /Anthriscus aemula
多年草／0.8〜1.5m／花期：5〜6月、白色の花

分　布：北海道〜九州
生育地：山地の湿地

　高島市内では、平地から山地の道ばたや林縁部に普通に生育する。肥大する根は、解熱や去痰作用のある漢方薬の「前胡」の代用として用いられる。4〜5月頃の若い芽や葉は、生のまま天ぷらにしたり、塩ゆでのあとバターで炒めたり、汁の実として食べられる。中空の太い茎は直立し、上部がしばしば分枝する。葉は黄緑色を帯び柔らかく、全体にまばらな毛がある。葉は互生し、長い葉柄がある。2〜3回3出の羽状複葉で、小葉は細かく裂け先端は尖る。5〜6月、茎の先に複散形花序を出し、4〜15個の白色の小花が集まって開く。花弁は5個あり、周辺花の外側の2花弁は他の花弁より大きい。果実は披針形で毛はなく、なめらかで、熟すと黒くなる。

セリ科

セントウソウ /Chamaele decumbens

多年草／10～30cm／花期：4～5月、白色の花

分　布：北海道～九州
生育地：平地の林内

　高島市内では、平地林の林内や藪などに普通に生育する。セリ科セントウソウ属の植物で、日本に1種のみ生育する特産種。日本全国に広く生育し、ごく普通な植物であるが、小型で花も小さくあまり目立たない。葉は地中にある短い地下茎から伸び、長い柄があり、2～3回3出羽状複葉となる。春に、基部から茎をのばし、先に花をつける。花が終わると、さらに長く伸びる。葉がキンポウゲ科のオウレンに似ていることから、オウレンダマシの別名もある。

セリ科

ドクゼリ / Cicuta virosa

多年草／約1m／花期：6～7月、白色の花

分　布：北海道～九州
生育地：湿地

　高島市内では、琵琶湖岸の湿地や内湖に普通に生育する。ドクゼリは大型のセリ科植物で、生育には広く安定した環境が必要である。全国でドクゼリがレッドデータ種とされる中、琵琶湖という多様で複雑な環境が、安定した生育を可能にしている。セリ科の植物は、セリ、パセリ、ニンジン等有用なものが多い中、ドクゼリは有毒植物で、食べると痙攣、呼吸困難、脈拍増加などに陥るなど、生命にかかわる猛毒をもつ。琵琶湖周辺に生える極めて大型の植物であることから、セリとの誤認は少ないが、春先、まだ小さいときには注意が必要である。大きな根茎があることと、セリのような独特の香りがないことで、見分ける。

セリ科

ミツバ／Cryptotaenia japonica
多年草／30〜90cm／花期：6〜8月、白色の花

分　布：北海道〜九州
生育地：山地

　高島市内では、平地から山地のやや湿り気の多い谷部や林内に普通に生育する。ミツバは元来、山野に自生する野草だが、江戸時代後半頃より関東地方で栽培が始められ、現在では広く栽培されている。野生のミツバは、栽培されているものと植物学的に同じ種であるが、葉が大きく香りが良い。春から秋に若い葉や茎が摘まれ、天ぷらや茶碗蒸しなどに使われる。しかし、大きな野生のミツバは繊維質が多く、あくが強い。ミツバの名は、葉が3小葉からなる事に由来する。葉は互生し、下部の葉には長柄がある。6〜8月、枝先に複散形花序を出し、2〜5個の小さな白色の5弁の花を開く。花柄や小花序の柄の長さに長短があるため、セリ科の典型的な傘形にはならない。

オオチドメ /Hydrocotyle ramiflora

セリ科

多年草／花期：6～9月

分布：北海道～九州
生育地：山野の路傍

　高島市内の平地の道ばたや林縁部などのやや湿り気のある所に普通に生育する。茎は細く地を這い、茎の先は斜上する。時に群生し、地面を覆う。葉は直径1.5～3cm、チドメグサの仲間の中では、最も切れ込みが浅く、冬には葉は枯れる。ノチドメとよく似ているが、葉腋から出る花柄は、葉より長く、花は葉より上に咲く。チドメグサの仲間は日本に7種類自生し、高島市内には、オオチドメのほか、チドメグサ、オオバチドメ、ヒメチドメ、ミヤマチドメ、ノチドメ生育する。和名のチドメグサは血止草で、葉をもんで傷口にあてると血が止まるといわれる。別名は、ヤマチドメ。

セリ科

セリ／Oenanthe javanica

多年草／20〜80cm／花期：7〜9月、白色の花

分　布：北海道〜九州
生育地：湿地、水田、溝

　高島市内では、平地の湿地に普通に生育する。セリ科の植物の中には、ニンジン、パセリ、セロリなど香りの強いなじみの深い植物が多い。なかでもセリは、春の七草の筆頭にあげられ、古事記、日本書紀、万葉集にも登場し、古くから日本人に親しまれている植物である。セリの名は、密集して、競り合って生えている事に由来する。ミツバがミツバゼリと呼ばれた時代には、区別するためにミズゼリとも呼ばれた。全草が柔らかく、特有の香りがある。春に摘むものが最も上質とされ、生のままサラダや天ぷらにして食べられる。白色や紫、桃色の斑入りの葉をもつ品種があり、観賞用としても栽培されている。春に白く長い走出枝を伸ばし、秋に走出枝の節から芽を出し冬を越す。葉は互生し、1〜2回3出羽状複葉で、小葉は卵形をし、先が尖り粗い鋸歯がある。夏に花茎の先端に複散形花序を出し、10〜25個の小さな白色5弁の花を開く。果実は楕円形で、2個の分果は密着して熟しても離れない。軽いので水に浮く。

セリ科

ヤブニンジン／Osmorhiza aristata

多年草／40～90cm／花期：4～6月、白色の花

分　布：北海道～九州
生育地：山野の日陰

　高島市内では、平地の藪の陰や林縁部に普通に生育する。ヤブニンジンの名は、藪に生え、葉がニンジンに似ている事に由来する。ヤブジラミとも似ているが、ヤブジラミより果実が細長いのでナガジラミという名もある。若い葉は食用となる。根茎は「和藁本（わこうほん）」と呼ばれ、鎮痛、鎮痙作用がある。茎は細く直立し、長い枝を分ける。葉は互生し、2回3出羽状複葉で、小葉は卵形で粗い鋸歯がある。葉の両面には毛があり、裏面は白っぽい。4～6月に、長い花柄（けい）の先端に複散形花序を出し、5～10個の小さな白色の5弁の花を開く。雄花と両性花が混生する。果実は細長く、下部は尾状に細まる。隆条には上向きの刺毛があり、他物に付着しやすくなっている。

345

セリ科

ウマノミツバ／Sanicula chinensis

多年草／0.3〜1.2m／花期：7〜9月、白色の花

分　布：北海道〜九州
生育地：丘陵地、林縁

　高島市内では、山地の道沿いや林縁部に普通に生育する。「馬三葉」の名は、葉の形がミツバに似るが、ミツバより大きく、食用にならない事に由来する。根茎は太くて短い。

茎は直立し、上方で分枝する。下部の葉には長い葉柄があるが、上部の葉柄は短い。葉身は3深裂し、下部の葉はさらに2深裂し、5裂の掌状となる。表面はしわが目立ち、裏面は葉脈が隆起する。7〜9月に、枝先に小散形花序を出し、白色の小さな花を2〜6個集めてつける。小花序の中心には両性花、周辺には雄花がある。卵形の果実は、先端が鉤状に曲がった刺毛を密生し、動物に付着して運ばれる。

セリ科

ヤブジラミ /Torilis japonica
越年草／30〜70cm／花期：5〜7月、白色の花

分　布：北海道〜九州
生育地：道ばた、草地、市街地の荒地

　高島市内では、平地の市街地周辺の草地や荒地に普通に生える。一方、山地にはなく、典型的な人里の植物である。和名は藪虱で、熟した果実には鈎状の刺があり、衣服につくと、小さなシラミがついたように思えることからつけられた。花は、枝先に複散形花序をつくって開き、白く小さな花を咲かせる。全体に毛が生え、ざらつく。若菜や根はゆがいて食用とされ、果実は消炎収斂剤とされる。同属のオヤブジラミも良く似た環境にはえるが、全体大型で、果実も大きい。

ネーチャーズ・アイ nature's eye

高島市の自然 Ⅲ

天増川集落の防雪林

　天増川集落の山手に、シイやカシ類からなる森が広がる。この森は、集落を雪から守る防雪林で、人手が加えられることなく、聖域として守られてきた。

カタクリ群生地

　高島市の北部には、カタクリの自生地が見られる。稜線付近の低木林周辺から、里山の雑木林に多く、時には数千株の群生地となる。

湖岸のヤナギ林

　旧新旭町から旧高島町にかけての湖岸には、タチヤナギやアカメヤナギなどからなる、ヤナギ林が見られる。

索　引

索引　ア〜オ

■ア■
アオツヅラフジ…………上120
アオホオズキ……………下103
アカザ……………………上77
アカシデ…………………上18
アカショウマ……………上158
アカソ……………………上37
アカツメクサ……………上225
アカネ……………………下62
アカバナ…………………上318
アカミノイヌツゲ………上283
アカメガシワ……………上248
アカモノ…………………下19
アキカラマツ……………上113
アキギリ…………………下97
アキチョウジ……………下95
アキノウナギツカミ……上53
アキノエノコログサ……下294
アキノキリンソウ………下206
アキノギンリョウソウ…下15
アキノノゲシ……………下193
アクシバ…………………下32
アケビ……………………上118
アケボノシュスラン……下334
アケボノソウ……………下49
アシウスギ………………下349
アシウテンナンショウ…下300
アスナロ…………………下350
アゼナ……………………下111
アセビ……………………下23
アツミカンアオイ………上128
アブラガヤ………………下321
アブラススキ……………下284
アブラチャン……………上90
アベマキ…………………上29
アメリカセンダングサ…下168
アラカシ…………………上25
アリノトウグサ…………上323
アレチウリ………………上312
アワブキ…………………上276

■イ■
イグサ……………………下266

イケマ……………………下54
イシミカワ………………上54
イソノキ…………………上290
イタチハギ………………上234
イタドリ…………………上58
イタヤカエデ……………上267
イチヤクソウ……………下12
イチリンソウ……………上97
イヌガラシ………………上155
イヌコウジュ……………下92
イヌシデ…………………下367
イヌタデ…………………上51
イヌツゲ…………………上279
イヌビユ…………………上80
イヌブナ…………………上24
イヌヤチスギラン………下354
イブキザサ………………上293
イブキヌカボ……………下273
イボクサ…………………下271
イボタノキ………………下46
イワガラミ………………上179
イワタバコ………………下128
イワナシ…………………下18
イワニガナ………………下190

■ウ■
ウキクサ…………………下305
ウシクグ…………………下318
ウシハコベ………………上71
ウスギヨウラク…………下22
ウスゲタマブキ…………下172
ウスノキ…………………下31
ウスベニチチコグサ……下187
ウツギ……………………上167
ウツボグサ………………下93
ウド………………………上333
ウバユリ…………………下237
ウマノアシガタ…………上110
ウマノミツバ……………上346
ウメガサソウ……………下11
ウメバチソウ……………上174
ウラシマソウ……………下302
ウラジロ…………………下365

ウラジロノキ……………上209
ウリカエデ………………上263
ウリノキ…………………上324
ウリハダカエデ…………上271
ウワバミソウ……………上39
ウワミズザクラ…………上192

■エ■
エゴノキ…………………下40
エゾユズリハ……………上251
エドヒガン(アズマヒガン)…上195
エノコログサ……………下295
エビヅル…………………上294
エビネ……………………下323
エンレイソウ……………下249

■オ■
オウレン…………………上106
オオアカウキクサ………下380
オオアワダチソウ………下207
オオイヌタデ……………上50
オオイヌノフグリ………下120
オオイワカガミ…………下8
オオオナモミ……………下212
オオカナダモ……………下221
オオカニコウモリ………下170
オオカメノキ……………下141
オオキジノオ……………下362
オオキンケイギク………下216
オオケタデ………………上55
オオコメツツジ…………下30
オオジシバリ……………下191
オオタチツボスミレ……上302
オオチドメ………………上343
オオツヅラフジ…………上121
オオナルコユリ…………下230
オオニガナ………………下201
オオニシキソウ…………上245
オオバアサガラ…………下42
オオバキスミレ…………上299
オオバコ…………………下132
オオハナワラビ…………下360
オオバノトンボソウ……下338
オオバヤシャブシ………上15

350

索引　オ〜コ

オオマツヨイグサ	上321	
オオマルバノホロシ	下106	
オオモミジ	上270	
オオヤマハコベ	上72	
オカタツナミソウ	下98	
オカトラノオ	下36	
オククルマムグラ	下56	
オクノカンスゲ	下312	
オシダ	下371	
オシャグジデンダ	下377	
オタカラコウ	下195	
オトギリソウ	上139	
オトコエシ	下148	
オドリコソウ	下86	
オニグルミ	上8	
オニバリ（ナツボウズ）	上297	
オニドコロ	下256	
オニノヤガラ	下333	
オニユリ	下239	
オニルリソウ	下67	
オヒルムシロ	下224	
オミナエシ	下147	
オランダミミナグサ	上65	
■カ■		
カガノアザミ	下175	
カキツバタ	下262	
カキドオシ	下76	
カキラン	下331	
カサスゲ	下315	
カセンソウ	下188	
カタクリ	下231	
カタバミ	上238	
カツラ	上94	
カツラカワアザミ	下177	
カナクギノキ	上86	
カナビキソウ	上45	
カナムグラ	上32	
カニクサ	下366	
ガマ	下310	
ガマズミ	下139	
カマツカ	上191	
カモジグサ	下274	

カラクサシダ	下368	
カラスウリ	上313	
カラスザンショウ	上256	
カラスノエンドウ	上230	
カラスノゴマ	上296	
カラムシ（クサマオ）	上36	
カリガネソウ	下74	
カリヤス	下287	
カワヂシャ	下121	
カワミドリ	下77	
カワラナデシコ	上68	
カワラハハコ	下163	
カワラマツバ	下58	
カンサイタンポポ	下214	
■キ■		
キカシグサ	上315	
キキョウ	下157	
キクザキイチゲ	上98	
キクバヤマボクチ	下210	
ギシギシ	上61	
キジノオシダ	下363	
キショウブ	下263	
キセルアザミ	下178	
キタヤマブシ	上112	
キッコウハグマ	下159	
キツネノカミソリ	下253	
キツネノボタン	上111	
キツネノマゴ	下126	
キツリフネ	上277	
キヌガサギク	下217	
キバナサバノオ	上109	
キブシ	上310	
キュウリグサ	下70	
キランソウ	下78	
キリ	下125	
キンエノコロ	下296	
キンキマメザクラ	上193	
キンコウカ	下241	
ギンバイソウ	上166	
キンミズヒキ	上182	
キンラン	下327	
ギンラン	下326	

ギンリョウソウ	下13	
■ク■		
クサアジサイ	上159	
クサイ	下267	
クサイチゴ	上200	
クサギ	下71	
クサソテツ	下374	
クサネム	上211	
クサノオウ	上147	
クサフジ	上228	
クズ	上223	
クマイチゴ	上198	
クマシデ	上17	
クモキリソウ	下344	
クラガリシダ	下375	
クラマゴケ	下359	
クララ	上224	
クリ	上20	
クルマバナ	下80	
クルマバハグマ	下197	
クロバナヒキオコシ	下96	
クロモジ	上88	
クワクサ	上34	
■ケ■		
ケヤキ	上31	
ケヤマウコギ	上330	
ケヤマハンノキ	上13	
ゲンノショウコ	上240	
■コ■		
コアジサイ	上168	
コアゼテンツキ	下319	
ゴウソ	下314	
コウゾリナ	下200	
コウホネ	上123	
コウヤボウキ	下198	
コカナダモ	下222	
ゴキヅル	上311	
コクサギ	上254	
コケオトギリ	上140	
コシアブラ	上331	
コジイ（ツブラジイ）	上21	
コシオガマ	下116	

351

索引　コ〜タ

コジキイチゴ ………………上206
コセンダングサ ……………下169
コタチツボスミレ …………上301
コチャルメルソウ …………上173
コックバネウツギ …………下134
コナギ ………………………下258
コナスビ ……………………下37
コナラ ………………………上28
コニシキソウ ………………上247
コハウチワカエデ …………上272
コハクウンボク ……………下41
コバノガマズミ ……………下140
コバノカモメヅル …………下55
コバノトネリコ ……………下45
コバノトンボソウ …………下339
コバノミツバツツジ ………下29
コバンソウ …………………下278
コヒルガオ …………………下64
コブシ ………………………上83
コブナグサ …………………下277
ゴマギ ………………………下143
コマツナギ …………………上217
コマツヨイグサ ……………上322
ゴマナ ………………………下160
コマユミ ……………………上285
コミネカエデ ………………上266
コメススキ …………………上282
コメツブツメクサ …………上227
コメナモミ …………………上205
コモチマンネングサ ………上157
ゴンズイ ……………………上288
■サ■
サイハイラン ………………下328
ザイフリボク ………………上210
サカキ ………………………上135
サギソウ ……………………下335
サクラタデ …………………上48
ザクロソウ …………………上63
ササユリ ……………………下238
サジガンクビソウ …………上173
ザゼンソウ …………………上303
サデクサ ……………………上52

サツキ ………………………下26
サラサドウダン ……………下16
サラシナショウマ …………上101
サルトリイバラ ……………下246
サルナシ ……………………下130
サルメンエビネ ……………下325
サワオグルマ ………………下203
サワギキョウ ………………下156
サワグルミ …………………上9
サワヒヨドリ ………………下184
サワフタギ …………………下43
サンインクワガタ
　（ニシノヤマクワガタ）…下119
サンインシロカネソウ ……上108
サンカヨウ …………………上116
サンショウソウ ……………上42
サンショウモ ………………下379
■シ■
シオデ ………………………下247
ジギタリス …………………下124
シキミ ………………………上85
シシウド ……………………上337
シシガシラ …………………下370
シソクサ ……………………下110
シナノキ ……………………上295
シハイスミレ ………………上309
シモツケソウ ………………下185
シャガ ………………………下261
シャク ………………………上339
シャクジョウソウ …………下14
ジャケツイバラ ……………上235
ジャコウソウ ………………下79
シュウブンソウ ……………下202
ジュズダマ …………………下281
ジュンサイ …………………上122
シュンラン …………………下330
ショウジョウバカマ ………下232
ショウブ ……………………下298
シライトソウ ………………下228
シラカシ ……………………上27
シラキ ………………………上250
シラネセンキュウ …………上338

シラヤマギク ………………下161
シロダモ ……………………上89
シロツメクサ ………………上226
シロネ ………………………下89
シロモジ ……………………上91
シロヨメナ …………………下166
ジンバイソウ ………………下336
■ス■
スイカズラ …………………下136
スイバ ………………………上59
スギラン ……………………下357
ススキ ………………………下286
スズメノエンドウ …………上229
スズメノヤリ ………………下268
ズダヤクシュ ………………上180
スベリヒユ …………………上64
ズミ …………………………上188
スミレ ………………………上303
スミレサイシン ……………上307
■セ■
セイヨウタンポポ …………下211
セキショウ …………………下299
セリ …………………………上344
ゼンテイカ(ニッコウキスゲ)…下236
セントウソウ ………………上340
センニンソウ ………………上105
センブリ ……………………下50
ゼンマイ ……………………下361
■ソ■
ソクズ ………………………下137
ソヨゴ ………………………上282
■タ■
ダイコンソウ ………………上186
タイミンガサ ………………下171
ダイモンジソウ ……………上177
タカオカエデ(イロハモミジ)…上269
タカノツメ …………………上335
タケニグサ …………………下146
タコノアシ …………………上181
タチイヌノフグリ …………下117
タチスズシロソウ …………上149
タチツボスミレ ……………上300

索引　　タ〜ハ

タチネコノメソウ ……… 上164
タニウツギ ……………… 下146
タニギキョウ …………… 下150
タヌキラン ……………… 下316
タネツケバナ …………… 上150
タムシバ ………………… 上84
タムラソウ ……………… 下204
タラノキ ………………… 上334
ダンコウバイ …………… 上87
ダンドボロギク ………… 下180
タンナサワフタギ ……… 下44

■チ■
チゴザサ ………………… 下285
チゴユリ ………………… 下233
チヂミザサ ……………… 下288
チドリノキ ……………… 上273
チャボガヤ ……………… 下352
チョウジギク …………… 下164
チョウジタデ …………… 上319

■ツ■
ツクシハギ ……………… 上220
ツクバネ ………………… 上44
ツクバネウツギ ………… 下135
ツクバネソウ …………… 下242
ツタ ……………………… 上293
ツタウルシ ……………… 上259
ツチアケビ ……………… 下332
ツノハシバミ …………… 上19
ツボスミレ ……………… 上308
ツユクサ ………………… 下270
ツリガネニンジン ……… 下151
ツリフネソウ …………… 上278
ツルアジサイ …………… 上171
ツルアリドオシ ………… 下60
ツルウメモドキ ………… 上284
ツルカノコソウ ………… 下149
ツルシキミ ……………… 上255
ツルニンジン …………… 下153
ツルニンジン …………… 下154
ツルボ …………………… 下244
ツルヨシ ………………… 下290
ツルリンドウ …………… 下51

■テ■
テイカカズラ …………… 下53
テツカエデ ……………… 上268
デワノタツナミソウ …… 下99
テンニンソウ …………… 下87

■ト■
トウゲシバ ……………… 下358
トウバナ ………………… 下81
トキソウ ………………… 下340
トキワイカリソウ ……… 下117
トキワハゼ ……………… 下112
ドクゼリ ………………… 上341
トクワカソウ …………… 下9
トケンラン ……………… 下329
トチノキ ………………… 上274
トチバニンジン ………… 上336
トモエソウ ……………… 下138
トラノオシダ …………… 下369
トンボソウ ……………… 下342

■ナ■
ナガエノアザミ ………… 下176
ナガエミクリ …………… 下307
ナガバノウナギツカミ … 上49
ナガバモミジイチゴ …… 上203
ナギナタコウジュ ……… 下83
ナキリスゲ ……………… 下313
ナツエビネ ……………… 下324
ナツツバキ ……………… 下137
ナツトウダイ …………… 上246
ナツハゼ ………………… 下33
ナナカマド ……………… 上208
ナワシロイチゴ ………… 上204
ナワシログミ …………… 上298
ナンバンハコベ ………… 上67

■ニ■
ニオイタチツボスミレ … 上304
ニガイチゴ ……………… 上202
ニガクサ ………………… 下101
ニガナ …………………… 下189
ニシノホンモンジスゲ … 下317
ニッポンイヌノヒゲ …… 下272
ニリンソウ ……………… 上96

ニワゼキショウ ………… 下265
ニワトコ ………………… 下138

■ヌ■
ヌカキビ ………………… 下297
ヌカボシソウ …………… 下269
ヌスビトハギ …………… 上215
ヌルデ …………………… 上260

■ネ■
ネコノメソウ …………… 上162
ネコハギ ………………… 上221
ネジキ …………………… 下21
ネジバナ ………………… 下341
ネジレモ ………………… 下223
ネナシカズラ …………… 下66
ネムノキ ………………… 上212

■ノ■
ノアザミ ………………… 下174
ノイバラ ………………… 上196
ノウルシ ………………… 上244
ノカンゾウ ……………… 下235
ノキシノブ ……………… 下376
ノギラン ………………… 下226
ノコンギク ……………… 下167
ノササゲ ………………… 上216
ノハナショウブ ………… 下259
ノビル …………………… 下227
ノブキ …………………… 下158
ノブドウ ………………… 上291
ノリウツギ ……………… 上170

■ハ■
ハイイヌガヤ …………… 下351
バイカオウレン ………… 上107
バイケイソウ …………… 下250
ハウチワカエデ ………… 上265
ハエドクソウ …………… 下131
ハクサンハタザオ ……… 上148
ハグロソウ ……………… 下127
ハコネヒヨドリ ………… 下185
ハコベ …………………… 上73
ハシカグサ ……………… 下59
ハダカホオズキ ………… 下107
ハナイカダ ……………… 上328

353

索引　ハ～ミ

ハナヌカススキ …………下275
ハナネコノメソウ ………上165
ハナヒリノキ ……………下20
ハナヤエムグラ …………下63
ハハコグサ ………………下186
ハマダイコン ……………上154
バライチゴ ………………上201
ハリエンジュ(ニセアカシア)…上237
ハルジオン ………………下182
ハルシャギク ……………下215
ハルトラノオ ……………上47
ハンゲショウ(カタシログサ)…上124
ハンショウヅル …………上104
ハンノキ …………………上14

■ヒ■
ヒカゲイノコズチ
　　(イノコズチ) ……上78
ヒカゲノカズラ …………下356
ヒガンバナ ………………下252
ヒキオコシ ………………下94
ヒゴスミレ ………………上306
ヒサカキ …………………上136
ヒシ ………………………上316
ビッチュウフウロ ………上242
ヒデリコ …………………下320
ヒトツバカエデ
　　(マルバカエデ) …上264
ヒトリシズカ ……………上126
ヒナタイノコズチ ………上79
ヒナノウスツボ …………下122
ヒナノカンザシ …………上258
ヒメアオキ ………………上325
ヒメウズ …………………上99
ヒメエンゴサク …………上144
ヒメオドリコソウ ………下84
ヒメガマ …………………下309
ヒメコウゾ ………………上33
ヒメコバンソウ …………下279
ヒメサジラン ……………下378
ヒメザゼンソウ …………下304
ヒメシャガ ………………下260
ヒメジョオン ……………下208

ヒメシロネ ………………下90
ヒメスイバ ………………上60
ヒメドコロ ………………下255
ヒメハギ …………………上257
ヒメヒオウギズイセン…下264
ヒメヘビイチゴ …………上189
ヒメミクリ ………………下308
ヒメムカシヨモギ ………下181
ヒメユズリハ ……………上252
ヒヨクソウ ………………下118
ヒヨドリジョウゴ ………下105
ヒヨドリバナ ……………下183
ヒルガオ …………………下65
ビロードモウズイカ……下123

■フ■
フウリンウメモドキ ……下280
フキ ………………………下199
フサザクラ ………………上93
フジ ………………………上232
フジカンゾウ ……………上214
フシグロセンノウ ………上69
フタリシズカ ……………上125
フデリンドウ ……………下48
ブナ ………………………上22
フモトスミレ ……………上305
フユイチゴ ………………上197
フランネルソウ(スイセンノウ)…上75

■ヘ■
ヘクソカズラ(ヤイトバナ)…下61
ベニシダ …………………下372
ベニドウダン ……………下17
ベニバナボロギク ………下179
ヘビイチゴ ………………上184
ヘラオオバコ ……………下133
ヘラオモダカ ……………下220

■ホ■
ホウチャクソウ …………下229
ホオノキ …………………上81
ホガエリガヤ ……………下280
ホクリクネコノメソウ…上160
ホザキノミミカキグサ…下130
ホタルブクロ ……………下152

ボタンヅル ………………上103
ボタンネコノメソウ……上161
ホテイアオイ ……………下257
ホトケノザ ………………下85
ホンシャクナゲ …………下24

■マ■
マダケ ……………………下291
マタタビ …………………上131
マツカゼソウ ……………上253
ママコナ …………………下114
ママコノシリヌグイ ……上56
マムシグサ ………………下301
マユミ ……………………上287
マルバコンロンソウ……上151
マルバノサワトウガラシ…下109
マルバノホロシ …………下108
マルバハギ ………………上236
マルバフユイチゴ
　　(コバノフユイチゴ) ……上205
マルバヤナギ
　　(アカメヤナギ) ……上11
マンサク …………………上156
マンテマ …………………上70

■ミ■
ミカエリソウ ……………下88
ミクリ ……………………下306
ミズ ………………………上43
ミズオトギリ ……………下141
ミズキ ……………………上327
ミズスギ …………………下355
ミズタビラコ ……………下69
ミズタマソウ ……………上317
ミズチドリ ………………下337
ミズトラノオ ……………下38
ミズトンボ ………………下343
ミズナラ …………………上26
ミズメ ……………………上16
ミソハギ …………………上314
ミゾカクシ(アゼムシロ)…下155
ミゾソバ …………………上57
ミゾホオズキ ……………下115
ミツガシワ ………………下52

索引　ミ〜ワ

ミツバ……………………上342
ミツバアケビ……………上119
ミツバウツギ……………上289
ミツバツチグリ…………上190
ミツバフウロ……………上241
ミミカキグサ……………下129
ミミナグサ………………上66
ミヤコアオイ……………上127
ミヤコグサ………………上222
ミヤマイラクサ…………上41
ミヤマウメモドキ………上281
ミヤマカタバミ…………上239
ミヤマガマズミ…………下145
ミヤマキケマン…………上145
ミヤマシグレ……………下144
ミヤマジュズスゲ………下311
ミヤマナルコユリ………下243
ミヤマハコベ……………上74
ミヤマフユイチゴ………上199
ミヤマママコナ…………下113
ミヤマヨメナ……………下196
ミョウガ…………………下322

■ム■
ムカゴイラクサ…………上40
ムシトリナデシコ………上76
ムラサキウマゴヤシ……上233
ムラサキケマン…………上143
ムラサキシキブ…………下73
ムラサキマユミ…………上286

■メ■
メギ………………………上114
メドハギ…………………上219
メヒシバ…………………下283
メマツヨイグサ…………上320
メリケンカルカヤ………下276

■モ■
モウセンゴケ……………上142
モウソウチク……………下292
モミ………………………下348
モミジチャルメルソウ…上172

■ヤ■
ヤクシソウ………………下213

ヤグルマソウ……………上176
ヤシャビシャク…………上175
ヤシャブシ………………上12
ヤドリギ…………………上46
ヤナギトラノオ…………下39
ヤナギモ…………………下225
ヤノネグサ………………上52
ヤハズソウ………………上218
ヤブガラシ………………上292
ヤブカンゾウ……………下234
ヤブコウジ………………下35
ヤブジラミ………………上347
ヤブソテツ………………下373
ヤブツバキ………………上132
ヤブツルアズキ…………上231
ヤブデマリ………………下142
ヤブニンジン……………上345
ヤブマオ…………………上35
ヤブマメ…………………上213
ヤブムラサキ……………下72
ヤブラン…………………下240
ヤブレガサ………………下209
ヤマアイ…………………上249
ヤマアジサイ……………上169
ヤマウコギ………………上332
ヤマウルシ………………上262
ヤマグルマ………………上92
ヤマザクラ………………上194
ヤマジノホトトギス……下248
ヤマシャクヤク…………上129
ヤマソテツ………………下364
ヤマツツジ………………下28
ヤマトウバナ……………下82
ヤマトキホコリ…………上38
ヤマナラシ………………上10
ヤマニガナ………………下194
ヤマネコノメソウ………上163
ヤマノイモ………………下254
ヤマハゼ…………………上261
ヤマブキ…………………上187
ヤマブキショウマ………上183
ヤマボウシ………………上326

ヤマルリソウ……………下68
■ユ■
ユウガギク………………下192
ユキグニミツバツツジ…下27
ユキザサ…………………下245
ユキノシタ………………上178
ユキバタツバキ…………上134
ユリワサビ………………上153
■ヨ■
ヨウシュヤマゴボウ……上62
ヨシ………………………下289
ヨツバムグラ……………下57
ヨメナ……………………下162
ヨモギ……………………下165
■ラ■
ラショウモンカズラ……下91
■リ■
リュウキンカ……………上100
リョウブ…………………下10
リンドウ…………………下47
■ル■
ルイヨウショウマ………上102
ルイヨウボタン…………上115
■レ■
レモンエゴマ……………下100
レンゲツツジ……………下25
■ワ■
ワサビ……………………上152
ワルナスビ………………下104
ワレモコウ………………上207

参考文献

順不同

書名	著者（出版社）
植物名そう	志田義秀、田中徹翁（北隆館）
薬用植物大事典	刈米達夫、木村康一監修（廣川書店）
植物の名前小事典	清水清（誠文堂新光社）
信州の野草	奥原弘人（信濃新聞社）
原色日本樹木図鑑	北村四郎（保育社）
日本の野生植物・草本	佐竹義輔他（平凡社）
日本の野生植物・木本	佐竹義輔他（平凡社）
原色日本帰化植物図鑑	長田武正（保育社）
原色日本羊歯植物図鑑	田川基二（保育社）
原色日本植物図鑑・草本	北村四郎他（保育社）
原色日本植物図鑑・木本	北村四郎他（保育社）
野草大百科	山田卓三（北隆館）
日本のシダ植物図鑑	倉田悟（東京大学出版会）
日本イネ科植物図譜	長田武正（平凡社）
朽木村志	橋本鉄男編（朽木教育委員会）
野に咲く花	林弥栄監修（山と渓谷社）
植物の世界	（朝日新聞社）
日本の樹木・野草	（山と渓谷社）
原色野草観察検索図鑑	長田武正（保育社）
名前といわれ木の写真図鑑	杉村昇（階成社）
名前といわれ野の草花図鑑	杉村昇（階成社）
日本の野生植物館	奥田重俊（小学館）
世界有用植物事典	（平凡社）
野草図鑑①〜⑧	長田武正（保育社）
園芸植物大事典①〜⑥	（小学館）
薬草カラー図鑑	伊沢一男（主婦の友社）
春の山野草と樹木512種	（講談社）
夏の山野草と樹木550種	（講談社）
秋の山野草と樹木505種	（講談社）
近江植物歳時記	滋賀植物同好会（京都新聞）
滋賀県植物誌	北村四郎（保育社）
植物和名の語源	深津正（八坂書房）
木の大百科	平井信二（朝倉書房）
原色草観察検索図鑑	長田武正（保育社）
万有百科大事典・植物	（小学館）
目で見る植物用語集	石戸忠（研成社）
近畿植物全観	伊東武夫
花と樹の大事典	木村陽二郎（柏書房）
植物観察事典	岡村はた他（地人書館）
原色日本野外植物図譜	奥山春季（誠文堂新光社）
万葉植物概説	若浜汐子（潤光社）
日本大百科全集	渡辺静夫（小学館）
フルール週間百科	（講談社）
原色日本のラン	前川文夫（誠文堂新光社）
京都の野草図鑑	村田源他（京都新聞）

■ **執筆者**

青木　繁

　元朽木いきものふれあいの里指導主任、滋賀県公立学校教員。長年、滋賀県内の植物調査にたずさわる。現在、㈲グリーンウォーカークラブ・ネイチャーガイド研究所代表取締役。

主な著書：朽木の植物（サンライズ出版）、滋賀県の山
　　　　　（山と渓谷社）、滋賀の名木誌（滋賀県）他

■ **協力者**

大谷　一弘
県立朽木いきものふれあいの里
野崎　庄平
野崎　末雄
蓮沼　修

フィールドガイド
高島の植物（上）

2007年3月26日 第1刷発行

編　　集／グリーンウォーカークラブ
　　　　　〒520-1415 滋賀県高島市朽木柏341-3　TEL0740-38-8055

企画・発行／高島市
　　　　　〒520-1592 滋賀県高島市新旭町北畑565　TEL0740-25-8000(代)

発　　売／サンライズ出版株式会社
　　　　　〒522-0004 滋賀県彦根市鳥居本町655-1　TEL0749-22-0267

©高島市
ISBN978-4-88325-328-9　C2645

印刷・製本　デジタルグラフィック
落丁・乱丁はお取替えいたします